JN248255

データサイエンティスト

DATA SCIENTIST

検定
(リテラシーレベル)

公式リファレンスブック

菅 由紀子/佐伯 諭
高橋 範光/田中 貴博
大川 遥平/大黒 健一
參木 裕之/北川 淳一郎
守谷 昌久/山之下 拓仁
苅部 直知/原野 朱加
孝忠 大輔
著

技術評論社

注意　ご購入・ご利用の前に必ずお読みください

以下の注意事項をご承諾いただいた上で、本書をご利用願います。これらの注意事項をお読みいただかずに、お問い合わせいただいても、技術評論社および著者は対処しかねます。あらかじめ、ご承知おきください。

- 本書の著者および出版社、関係団体は、本書の使用によるデータサイエンティスト検定(リテラシーレベル)の合格を保証するものではありません。

- 本書に記載された内容は、情報の提供のみを目的としています。したがって、本書を用いた運用は、必ずお客様自身の責任と判断によって行ってください。これらの情報の運用の結果について、本書の著者および出版社、関係団体は、いかなる責任も負いません。

- 本書記載の情報は、2021年6月現在のものを掲載しています。本書発行後に行われる試験内容の変更や情勢の変化によって、本書の内容と異なる場合もございます。

- 本書に掲載されたURLなどは、予告なく変更される場合もございます。

「最短突破 データサイエンティスト検定(リテラシーレベル)公式リファレンスブック」の刊行に寄せて

「『データサイエンティスト』という新しい職業を、正しくこの国に根付かせよう」

有志のそんなシンプルな思いから、一般社団法人データサイエンティスト協会は始まりました。

当時、ビッグデータ・ブームとともに日本に上陸したこの新しい職業は、「ビッグデータを使いこなす人」という程度の漠然とした認識で受け止められ、その仕事内容や求められるナレッジやスキルは、曖昧模糊としたまま、メディアに言葉だけが踊っていました。

新しい時代の到来を告げ、危機感を煽る記事のためだけであれば、それでもよかったのかもしれません。しかし、絶対的な不足が騒がれるこの新しい職業を目指す人を増やし、その学習の指針となるためには明確な定義が必要、という思いから、本協会は始まり、現在では100を超える法人が、求められるナレッジやスキルを定める活動を筆頭に始まりました。現在では、各種勉強会や研修の企画、実態の調査や組織間の課題の共有といった各種の啓発・普及活動を展開しております。

そんな協会員の尽力もあり、当協会の定めた各種定義は、我が国のスタンダードとなり、データサイエンティストという仕事もバズワードに終わらず、一つの職業としてこの国に定着しつつあります。そんな中で、協会発足以来の唯一にして最大の懸案事項が「検定(資格)事業」でした。協会発足当時から多数の要望を受けつつも、日進月歩で進み変化する技術や業界状況を鑑みると、認定した資格に対して責任をもった運営ができるのか?という思いが先にたち、理事会で何度も議論をしては見送りを繰り返してきました。

しかし、技術の変化の激しさは依然として続くものの、社会の要請がブームを乗り越えて一定の安定を得つつあることに加え、大学でのデータサイエンス教育の必修化が実現した事で、その必要性が一層の高まりを見せていることから、スタンダードを定めた責任から、検定事業の開始の決断に至りました。

この度、その検定のための初の参考書を協会のメンバーが執筆したので、前書きを記しました。本書が、これからの新しい日本を支える職業を目指す皆様のよき一歩目となることを願ってやみません。

2021年6月吉日

一般社団法人データサイエンティスト協会

代表理事 草野隆史

目次

目次

目次

目次

目次

第1章

DS検定とは

データサイエンティスト検定™ リテラシーレベルとは

『データサイエンティスト検定™　リテラシーレベル』(略称：DS検定™)とは、一般社団法人データサイエンティスト協会(以降、データサイエンティスト協会)が、データサイエンティストに必要なスキルを定義したデータサイエンティストスキルチェックリストの中で、アシスタントデータサイエンティスト(見習いレベル：通称★(ほしいち))を対象とした全147個のスキル項目と、数理・データサイエンス教育強化拠点コンソーシアムが公開している数理・データサイエンス・AI(リテラシーレベル)におけるモデルカリキュラムの内容をあわせ、アシスタントデータサイエンティストとしての実務能力と知識を有することを証明する試験です。

スキルレベル		目安	対応できる課題
Senior Data Scientist シニアデータサイエンティスト	★★★★	業界を代表するレベル	・産業領域全体 ・複合的な事業全体
Full Data Scientist フルデータサイエンティスト	★★★	棟梁レベル	・対象組織全体
Associate Data Scientist アソシエートデータサイエンティスト	★★	独り立ちレベル	・担当プロジェクト全体 ・担当サービス全体
Assistant Data Scientist アシスタントデータサイエンティスト	★	見習いレベル	・プロジェクトの担当テーマ

引用：データサイエンティスト協会HP (https://www.datascientist.or.jp/dskentei/)

本検定は、データサイエンティスト協会によって、2021年4月に発表され、2021年9月に第1回検定が開催される予定となっています。本検定の取得により、アシスタントデータサイエンティストとしてデータサイエンスプロジェクトの担当レベルに必要な知識や実務能力、また、数理・データサイエンス・AI教育のリテラシーレベルの実力を有していることを示すことができます。

データサイエンティスト協会と
データサイエンティストスキルチェックリストとは

データサイエンティスト協会は、新しい職種であるデータサイエンティストの人材像や必要となるスキル・知識を定義し、データサイエンティストを育成するためのカリキュラム作成、評価制度の構築など、高度IT人材の育成と業界の健全な発展への貢献、啓発活動を行う団体として、2013年に設立された団体です。

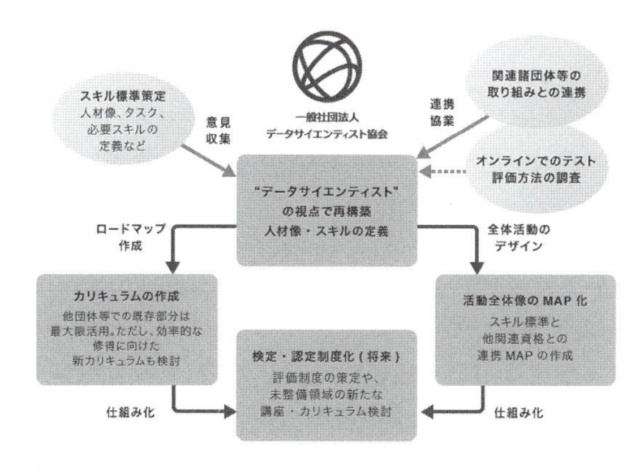

引用：データサイエンティスト協会HP（https://www.datascientist.or.jp/about/background/）

協会の活動は複数の委員会で構成され、中でも、慶應義塾大学環境情報学部教授、ヤフー株式会社CSO（チーフストラテジーオフィサー）で協会の理事でもある安宅和人氏が委員長を務めるスキル定義委員会が中心となって、データサイエンティストのスキル（＝できること）を全体的に俯瞰可能なスキルリストとして体系的に定義・作成したものが、2015年に発表した「データサイエンティストスキルチェックリスト」です。

「データサイエンティストスキルチェックリスト」の特徴は、3つあります。

1つ目が、求められる3つのスキルセット「ビジネス力」「データサイエンス力」「データエンジニアリング力」を定義し、各スキルセットの内容を詳細にカバーしていること。2つ目が、データサイエンティストのスキルレベルを設定し、「見習いレベル」から組織全体を束ねるリーダー、いわゆる「棟梁レベル」まで網羅的に定義していること。そして3つ目が、進化の激しいデータサイエンスの領域を現状2年に1回のペースで見直し、更新し続けていることです。なお、本書公開本書公開予定の2021年9月時点では、ver3が最新版となっています。

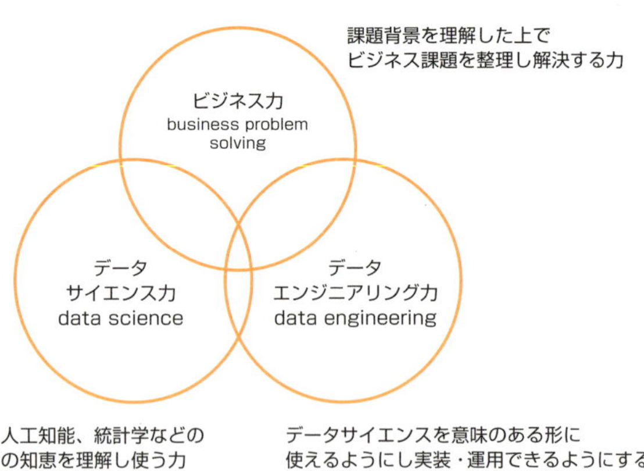

引用：データサイエンティスト協会HP（https://www.datascientist.or.jp/dskentei/）

データサイエンティスト協会は、データサイエンティストを目指す人達とそれを必要とする産業界を結びつける一つの指針として、これまで公開してきたスキルチェックリストのさらなる普及・活用を目指し、本検定を2021年より開始します。

なお、「データサイエンティストスキルチェックリスト」およびタスクを整理した「データサイエンティストタスクリスト」の読み方や使い方の解説は、データサイエンティスト協会スキル定義委員会と独立行政法人情報処理推進機構（IPA）で作成した「データサイエンティストのためのスキルチェックリスト/タスクリスト概説」に詳述されており、PDFや電子書籍として無料で配付されていますので、合わせて確認いただくとよいでしょう。

「データサイエンティストのためのスキルチェックリスト/タスクリスト概説」
引用：独立行政法人情報処理推進機構HP（https://www.ipa.go.jp/files/000083733.pdf）

データサイエンティスト検定™
リテラシーレベル試験概要

データサイエンティスト検定™リテラシーレベルは、データサイエンスの初学者やデータサイエンティストに興味を持つ学生、さらにはビジネスパーソン全般に広く受検いただくことを想定したものとなっています。なお、今後はデータサイエンティスト協会のスキルチェックリストの更新にともない試験範囲も変化しますので、最新かつ必要な知識・スキルの確認、都度の実力の証明のためにも、一度の受検で終わるのではなく、定期的な受検が望ましいと考えてください。

受験資格	制限なし
主な対象者	●データサイエンス初学者 ●仕事でデータサイエンスが求められるビジネスパーソン全般 ●データサイエンティストに興味を持つ大学生や専門学校生など
実施概要	●選択式問題 ●全国の試験会場で開催(CBT：Computer Based Testing) ●問題数90問程度 ●試験時間90分
出題範囲	以下の2つを総合した範囲 ●スキルチェックリストのうち、各スキルセット(ビジネス力、データサイエンス力、データエンジニアリング力)の★1(アシスタントデータサイエンティストレベル) ※2021年9月のテストでは最新のver3(正式にはver3.01)の147項目が対象範囲 ※実務的なスキル設問(★2レベル相当)が数問あり ●数理・データサイエンス・AI(リテラシーレベル)モデルカリキュラムのコア学習項目
試験時期	●年2回(春、秋)の試験期間を予定 ●第1回は2021年9月頃を予定
申込方法	●2021年7月より申込サイトオープン予定 (データサイエンティスト協会ホームページから申込可能になる予定)
受験費用	一般　11,000円(税込)　　学生　5,500円(税込) ※2021年8月時点の費用であり、今後費用改定の可能性があります。
合格基準	非公開(70%～80%程度の正答率と想定される)
合格発表	●検定のマイページでの確認 ●郵送による合格者への通知(合格証やステッカーなどを郵送予定)

出題範囲①　スキルチェックリスト

データサイエンティスト協会のスキルチェックリストver3には、528個のスキル項目が掲載されています。その中で、アシスタントデータサイエンティスト相当(★レベル)の項目は、ビジネス力で22個、データサイエンス力で86個、データエンジニアリング力で39個のスキル項目があり、3つのスキルカテゴリ合計で147個が出題対象となります。

データサイエンティスト検定TMリテラシーレベルでは、この147個のうち、60から70個程度の設問が出題される予定となっているため一通り147個のスキル項目については学習が必要です。

スキルセット	含まれるスキルカテゴリ	項目数
ビジネス力	行動規範、契約・権利保護、論理的思考、課題の定義、データ入手、ビジネス観点のデータ理解、事業への実装、活動マネジメント	22個
データサイエンス力	基礎数学、予測、検定/判断、グルーピング、性質・関係性の把握、サンプリング、データ加工、データ可視化、分析プロセス、データの理解・検証、意味合いの抽出・洞察、機械学習技法、言語処理、画像・動画処理、音声/音楽処理、パターン発見	86個
データエンジニアリング力	環境構築、データ収集、データ構造、データ蓄積、データ加工、データ共有、プログラミング、ITセキュリティ	39個
	合計	147個

本書では、第2章から第4章で、この147項目をすべて解説します。

また、この147個に加え、実際のデータサイエンティストが直面する分析問題やアルゴリズムなど、★★(アソシエイトデータサイエンティスト)レベルに含まれる実務的な基礎スキル項目についても一部含まれますので、関連するスキルについても学習することをおすすめします。

出題範囲② 数理・データサイエンス・AI（リテラシーレベル）モデルカリキュラム

本検定では、スキルチェックリストに加え、大学生・高専生を対象に2020年4月に公開された「数理・データサイエンス・AI（リテラシーレベル）モデルカリキュラム」のコア学習項目も出題範囲としています。この項目については、出題範囲①のスキルチェックリストとの重複が一部存在しますが、約20問が出題される予定となっていますので、スキルチェックリストとあわせて学習が必要な範囲と考えてください。本書では、5章で全体像と重要なキーワードを解説します。

数理・データサイエンス・AI（リテラシーレベル）モデルカリキュラム　～データ思考の涵養～

- **背景**

政府の「AI戦略2019」（2019年6月策定）にて、リテラシー教育として、文理を問わず、全ての大学・高専生（約50万人卒/年）が、課程にて初級レベルの数理・データサイエンス・AIを習得する、とされたことを踏まえ、各大学・高専にて参照可能な「モデルカリキュラム」を数理・データサイエンス教育強化拠点コンソーシアムにおいて検討・策定。

- **学修目標・カリキュラム実施にあたっての基本的考え方**

今後のデジタル社会において、数理・データサイエンス・AIを日常の生活、仕事等の場で使いこなすことができる基礎的素養を主体的に身に付けること。そして、学修した数理・データサイエンス・AIに関する知識・技能をもとに、これらを扱う際には、人間中心の適切な判断ができ、不安なく自らの意志でAI等の恩恵を享受し、これらを説明し、活用できるようになること。

1. 数理・データサイエンス・AIを活用することの「楽しさ」や「学ぶことの意義」を重点的に教え、学生に好奇心や関心を高く持ってもらう魅力的かつ特色ある教育を行う。数理・データサイエンス・AIを活用することが「好き」な人材を育成し、それが自分・他人を含めて、次の学修への意欲、動機付けになるような「学びの相乗効果」を生み出すことを狙う。
2. 各大学・高専においてカリキュラムを実施するにあたっては、各大学・高専の教育目的、分野の特性、個々の学生の学習歴や習熟度合い等に応じて、本モデルカリキュラムのなかから適切かつ柔軟に選択・抽出し、有機性を考慮した教育を行う。
3. 実データ、実課題を用いた演習など、社会での実例を題材に数理・データサイエンス・AIを活用することを通じ、現実の課題と適切な活用法を学ぶことをカリキュラムに取り入れる。
4. リテラシーレベルの教育では「分かりやすさ」を重視した教育を実施する。

- **モデルカリキュラムと教育方法**

区分	項目		教育方法
導入	1. 社会におけるデータ・AI利活用 1-1. 社会で起きている変化 1-3. データ・AIの活用領域 1-5. データ・AI利活用の現場	1-2. 社会で活用されているデータ 1-4. データ・AI利活用のための技術 1-6. データ・AI利活用の最新動向	● データ・AI利活用事例を紹介した動画（MOOC等）を使った反転学習を取り入れ、講義ではデータ・AI活用領域の広がりや、技術概要の解説を行うことが望ましい。 ● 学生がデータ・AI利活用事例を調査し発表するグループワーク等を行い、一方通行で事例を話すだけの講義にしないことが望ましい。
基礎	2. データリテラシー 2-1. データを読む 2-3. データを扱う	2-2. データを説明する	● 各大学・高専の特徴に応じて適切なテーマを設定し、実データ（あるいは模擬データ）を用いた講義を行うことが望ましい。 ● 実際に手を動かしてデータを可視化する等、学生自身がデータ利活用プロセスの一部を体験できることが望ましい。 ● 必要に応じて、フォローアップ講義（補講等）を準備することが望ましい。
心得	3. データ・AI利活用における留意事項 3-1. データ・AIを扱う上での留意事項	3-2. データを守る上での留意事項	● データ駆動型社会のリスクを自分ごととして考えさせることが望ましい。 ● データ・AIが引き起こす課題についてグループディスカッション等を行い、一方通行で事例を話すだけの講義にしないことが望ましい。
選択	4. オプション 4-1. 統計および数理基礎 4-3. データ構造とプログラミング基礎 4-5. テキスト解析 4-7. データハンドリング 4-9. データ活用実践（教師なし学習）	4-2. アルゴリズム基礎 4-4. 時系列データ解析 4-6. 画像解析 4-8. データ活用実践（教師あり学習）	● 本内容はオプション扱いとし、大学・高専の特徴に応じて学修内容を選択する。 ● 各大学・高専の特徴に応じて適切なテーマを設定し、実データ（あるいは模擬データ）を用いた講義を行うことが望ましい。 ● 学生が希望すれば本内容を受講できるようにしておくことが望ましい（大学間連携等）。

引用：数理・データサイエンス教育強化拠点コンソーシアム
「数理・データサイエンス・AI（リテラシーレベル）モデルカリキュラム～データ思考の涵養～」
（http://www.mi.u-tokyo.ac.jp/consortium/pdf/model_literacy.pdf）

本検定と、全てのビジネスパーソンが持つべきデジタル時代の共通リテラシー「Di-Lite」

2021年4月20日に、経済産業省をオブザーバーとし、本検定を主催するデータサイエンティスト協会、ディープラーニングの基礎知識や事業において活用する能力をはかるG検定を主催する一般社団法人日本ディープラーニング協会、ITパスポートなどの国家資格を主催する独立行政法人情報処理推進機構(IPA)の3団体が参加し、Society 5.0が示すよりよい社会の創出に向け、「デジタルを作る人材」だけでなく「デジタルを使う人材」の育成を目指す、デジタルリテラシー協議会が設立されました。

デジタルリテラシー協議会は、変化のスピードが早いデジタル社会に対応し、社会全体のデジタルリテラシーレベルを底上げすべく、IT・ソフトウェア領域、数理・データサイエンス領域、人工知能(AI)・ディープラーニング領域をあわせた基礎領域から共通リテラシー領域を定義した「Di-Lite」(ディーライト)を発表しました。

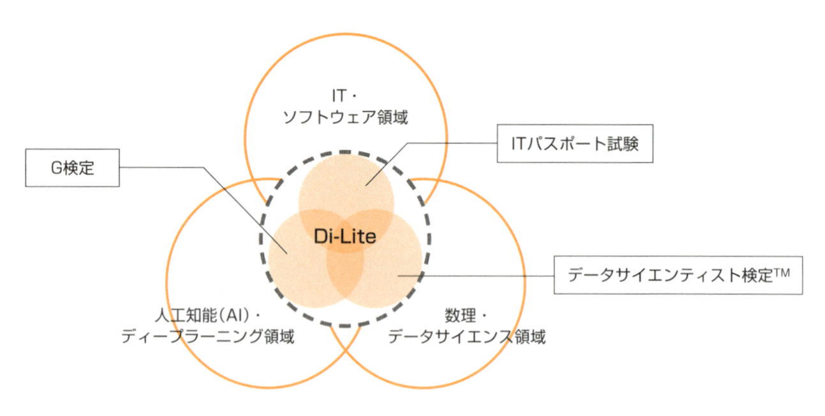

引用：デジタルリテラシー協議会HP（https://www.dilite.jp/）

このように、デジタルリテラシーの1要素として、データサイエンティスト検定TMリテラシーレベルも含まれており、今後より多くのビジネスパーソンにとって必修のスキルの1つとなると考えられています。

本書の構成

第2章ではデータサイエンス力、第3章ではデータエンジニアリング力、第4章ではビジネス力をそれぞれ解説します。第2章～第4章は、以下の3構成でスキルごとに解説していますので、具体的な活用シーンやスキル習得のポイントや、データサイエンスプロジェクトでの実践のポイントを理解できます。

各ページの構成	概要
❶スキル項目	●データサイエンティストスキルチェックリストの対象スキル項目（スキルカテゴリ、サブカテゴリ、スキルNo、スキル項目）
❷スキルの解説／データサイエンスにおける具体的な利用シーン	●当該スキル項目に対する具体的な解説や、データサイエンスプロジェクトでスキルを習得・活用・実践する上でのポイント ●ハイライト箇所は重要キーワード
❸スキルを高めるための学習ポイント	●スキル習得の上で押さえておくべき内容や方法 ●間違いやすい／勘違いしやすい注意点

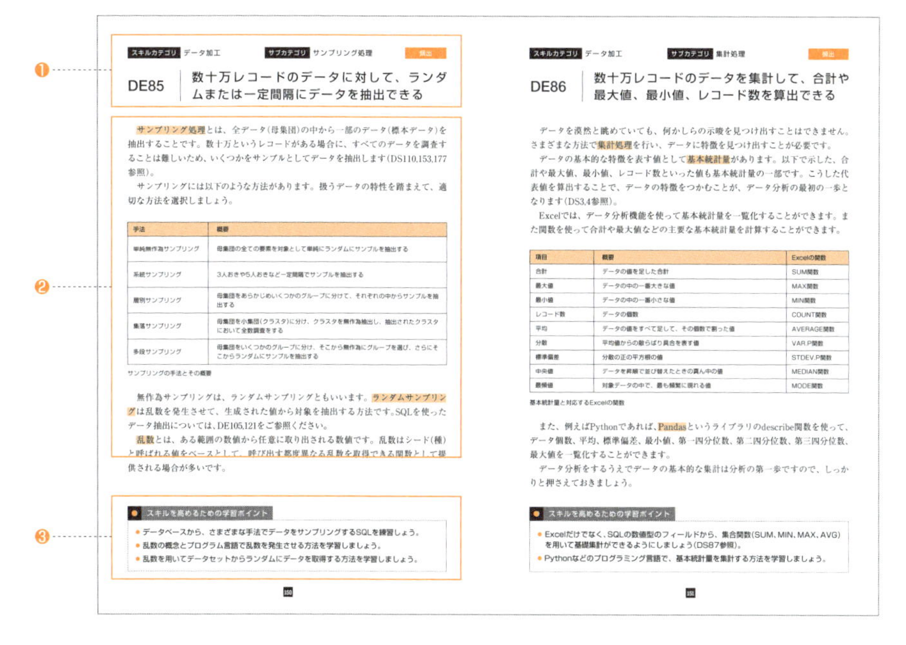

スキルカテゴリ データ加工　サブカテゴリ サンプリング処理　頻出

DE85　数十万レコードのデータに対して、ランダムまたは一定間隔にデータを抽出できる

サンプリング処理とは、全データ(母集団)の中から一部のデータ(標本データ)を抽出することです。数十万というレコードがある場合に、すべてのデータを調査することは難しいため、いくつかをサンプルとしてデータを抽出します(DS110,153,177参照)。

サンプリングには以下のような方法があります。扱うデータの特性を踏まえて、適切な方法を選択しましょう。

手法	概要
単純無作為サンプリング	母集団の全ての要素を対象として単純にランダムにサンプルを抽出する
系統サンプリング	3人おきや5人おきなど一定間隔でサンプルを抽出する
層別サンプリング	母集団をあらかじめいくつかのグループに分けて、それぞれの中からサンプルを抽出する
集落サンプリング	母集団を小集団(クラスタ)に分け、クラスタを無作為抽出し、抽出されたクラスタにおいて全数調査をする
多段サンプリング	母集団をいくつかのグループに分け、そこから無作為にグループを選び、さらにそこからランダムにサンプルを抽出する

サンプリングの手法とその概要

無作為サンプリングは、ランダムサンプリングともいいます。ランダムサンプリングは乱数を発生させて、生成された値から対象を抽出する方法です。SQLを使ったデータ抽出については、DE105,121をご参照ください。

乱数とは、ある範囲の数値から任意に取り出される数値です。乱数はシード(種)と呼ばれる値をベースとして、呼び出す都度異なる乱数を取得できる関数として提供される場合が多いです。

● スキルを高めるための学習ポイント

- データベースから、さまざまな手法でデータをサンプリングするSQLを練習しよう。
- 乱数の概念とプログラム言語で乱数を発生させる方法を学習しましょう。
- 乱数を用いてデータセットからランダムにデータを取得する方法を学習しましょう。

150

スキルカテゴリ データ加工　サブカテゴリ 集計処理　頻出

DE86　数十万レコードのデータを集計して、合計や最大値、最小値、レコード数を算出できる

データを漠然と眺めていても、何かしらの示唆を見つけ出すことはできません。さまざまな方法で集計処理を行い、データに特徴を見つけ出すことが必要です。

データの基本的な特徴を表す値として基本統計量があります。以下で示した、合計や最大値、最小値、レコード数といった値も基本統計量の一部です。こうした代表値を算出することで、データの特徴をつかむことが、データ分析の最初の一歩となります(DS3,4参照)。

Excelでは、データ分析機能を使って基本統計量を一覧化することができます。また関数を使って合計や最大値などの主要な基本統計量を計算することができます。

項目	概要	Excelの関数
合計	データの値を足した合計	SUM関数
最大値	データの中の一番大きな値	MAX関数
最小値	データの中の一番小さな値	MIN関数
レコード数	データの個数	COUNT関数
平均	データの値をすべて足して、その個数で割った値	AVERAGE関数
分散	平均値からの散らばり具合を表す値	VAR.P関数
標準偏差	分散の正の平方根の値	STDEV.P関数
中央値	データを昇順で並び替えたときの真ん中の値	MEDIAN関数
最頻値	対象データの中で、最も頻繁に現れる値	MODE関数

基本統計量と対応するExcelの関数

また、例えばPythonであれば、Pandasというライブラリのdescribe関数を使って、データ個数、平均、標準偏差、最小値、第一四分位数、第二四分位数、第三四分位数、最大値を一覧化することができます。

データ分析をするうえでデータの基本的な集計は分析の第一歩ですので、しっかりと押さえておきましょう。

● スキルを高めるための学習ポイント

- Excelだけでなく、SQLの数値型のフィールドから、集合関数(SUM、MIN、MAX、AVG)を用いて基礎集計ができるようにしましょう(DS87参照)。
- Pythonなどのプログラミング言語で、基本統計量を集計する方法を学習しましょう。

151

また、「頻出」のマークは、特に執筆者が本検定受検者のレベルとして重要であり、試験に出る可能性が高いと考える項目に付けています。学習の参考にしてください。

第5章では、数理・データサイエンス・AI（リテラシーレベル）モデルカリキュラムについて、その全体像やコア学修項目である1．社会におけるデータ・AI利活用、2．データリテラシー、3．データ・AI利活用における留意事項の各項目の解説と、重要なキーワードを説明します。

また巻末には、模擬試験も用意しています。本書で一通り学習し、データサイエンスに実際に触れてみたうえで、試験本番前に実力を試してみるのに活用ください。

本書は、データサイエンティスト検定™（リテラシーレベル）をきっかけに、一人でも多くの皆さんが、これからデータサイエンスを学習いただけるよう執筆した入門書です。実際、データサイエンスの領域は、範囲の広さに加え、一つひとつのスキルがより深いレベルまで存在し、さらに年々進化を遂げるものです。そこで本書では、データサイエンティスト検定™（リテラシーレベル）の対象範囲であるデータサイエンティスト協会のスキルチェックリストにおける見習いレベルに絞り込んだ項目を学習項目として並べ、知識だけでなく今後の学習や実践につなげていただくためのポイントを記載しています。

中には、より実践的な知識やスキルを得たいと思われる現役のデータサイエンティストの方や、本書でもまだまだ難しいと思われる方もいらっしゃるかもしれません。さらに項目単位で、感じ方が異なるかもしれません。それは広範囲なスキルにおいて各自の強み弱みが存在するからです。検定の対象範囲である本書を一つのガイドとして、不明点があればさらに調べていただき、より深く知りたいと思った領域があればスキルチェックリストの「★★（独り立ちレベル）」を参照いただいて学習を進めてください。そして検定に合格した方も少しでも数多く実践を積み、2年ごとに更新されるデータサイエンティストスキルチェックリストを見て、どこが更新されたか、次に何を学習すべきかを継続的に見直していただけるとよいでしょう。

本書や検定をきっかけにデータサイエンスに興味を持っていただき、ご自身の深めたい領域をより深く知り、ビジネスや業務を通して成果を得られるよう数多く実践してみてください。

本書を使った学習→試験→今後のスキルアップの流れ

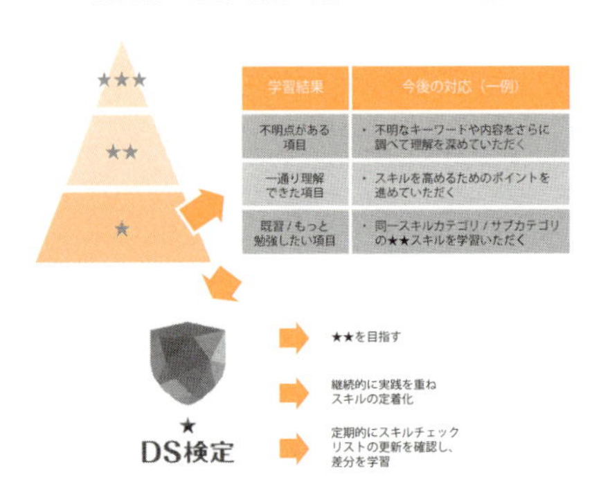

第2章

データサイエンス力

スキルカテゴリ 基礎数学　サブカテゴリ 統計数理基礎　頻出

DS1 順列や組合せを式$_nP_r$, $_nC_r$を用いて計算できる

統計学のさまざまな法則を理解するための基礎として、順列や組み合わせといった規則に基づいてその事象の数、すなわち**場合の数**を数えられることが求められます。

1. 順列

順列とは「複数の異なるものを並べる並べ方」のことです。n個の異なるものの中からr個を選んで出来る順列の数は、permutation（順列）の頭文字を取って**$_nP_r$**と表します。$_nP_r$の計算式は次のようになります。

$$_nP_r = \frac{n!}{(n-r)!} = n \times (n-1) \times \dots \times (n-r+1)$$

「1, 2, 3, 4, 5」の5枚のカードから、3枚を選んで横1列に並べる問題を考えてみましょう。公式を用いて考えると、n=5、r=3であるから、次のようになります。

$$_5P_3 = \frac{5!}{(5-3)!} = 5 \times (5-1) \times (5-2) = 60 \text{ 通り}$$

2. 組み合わせ

組み合わせとは「複数の異なるものから一定数を選ぶ選び方」のことです。n個の異なるものの中からr個を選んで出来る組み合わせの数は、combination（組み合わせ）の頭文字から**$_nC_r$**と表します。$_nC_r$は次のように、$_nP_r$をr!で割ることで計算できます。r!で割るのは、組み合わせでは取り出したr個の並び順を考慮しないためです。

$$_nC_r = \frac{n!}{r!(n-r)!} = \frac{_nP_r}{r!}$$

「1, 2, 3, 4, 5」の5枚のカードから、3枚を選ぶ組み合わせの数を考えてみましょう。n=5、r=3ですので、次のようになります。

$$_5C_3 = \frac{5!}{3!(5-3)!} = \frac{_5P_3}{3!} = 10 \text{ 通り}$$

スキルを高めるための学習ポイント

- $_nP_r$と$_nC_r$の計算方法を理解しておきましょう。
- 一定数を選ぶ場合は組み合わせ、さらに並べる場合は順列で計算することを覚えておきましょう。

DS2 条件付き確率の意味を説明できる

条件付き確率とは「ある事象が起こる条件の下で、別の事象が起こる確率」をいいます。条件付き確率は、ある条件に限った状況を考えてより正確に確率を見積もれるため、データ分析を行うにあたって大切な概念です。

ある事象Bが起こる条件の下で、別の事象Aが起こる確率は、P(A|B)と表します。P(A|B)の定義式は次のようになります。

$$P(A|B) = \frac{P(A \cap B)}{P(B)}$$

P(A∩B)はAとBの同時確率を表し、AとBが同時に発生する確率を意味しています。P(B)はBの周辺確率を表し、Bが単独で起こる場合の確率を意味しています。ここでは例として、「ある遺伝子を持つ場合、どのくらいの確率で病気にかかるか」を、条件付き確率を用いて計算をしてみましょう。

	病気Aにかかる	病気Aにかからない
遺伝子Bを持つ	750人	250人
遺伝子Bを持たない	250人	750人

A_1：病気Aにかかる事象
A_2：病気Aにかからない事象
B_1：遺伝子Bを持つ事象
B_2：遺伝子Bを持たない事象

病気Aにかかる人も、かからない人も1000人ずつおり、$P(A_1)=P(A_2)=1/2$です。遺伝子Bについても、$P(B_1)=P(B_2)=1/2$となります。そこで、条件付き確率を用いて、遺伝子Bを持つときに病気Aにかかる確率 $P(A_1|B_1)$を計算してみましょう。

$$P(A_1|B_1) = \frac{P(A_1 \cap B_1)}{P(B_1)} = \frac{\frac{750}{2000}}{\frac{1000}{2000}} = \frac{3}{4}$$

すると、遺伝子Bを持つときに病気Aにかかる確率が、3/4もあることがわかりました。このように条件付き確率を用いることで、具体的な情報を得ることができます。

スキルを高めるための学習ポイント

- 確率の表し方と、条件付き確率の式を覚えておきましょう。
- 事象にあわせて、条件付き確率を算出できるようにしましょう。

DS3　平均（相加平均）、中央値、最頻値の算出方法の違いを説明できる

データの特性を1つの数値で表現するような統計量を代表値といいます。平均(相加平均)、中央値、最頻値はそれぞれ、代表値の一種です。データ分析を行う際は、データをざっと眺めるよりも複数の代表値を見た方が、簡単にデータの概要をつかむことができます。ここでは、よく利用される代表値の特徴と算出方法について説明します。

1. 平均（相加平均）

統計学には多くの種類の平均がありますが、本書では相加平均を単に平均と呼びます。平均は「すべてのデータを足してデータの個数で割った値」であり、次の式で定義されます。

$$\overline{x} = \frac{x_1 + \ldots + x_n}{n} \text{(}\overline{x}\text{: 平均値, } n\text{: データの個数, } x_i\text{ : } i \text{ 番目のデータ)}$$

2. 中央値

中央値は「データを大きさ順に並べた時に中央に来る値」です。データの個数が偶数の場合は、中央に来る2つのデータの平均を中央値とします。例えば、{2, 3, 5, 9, 10}の5個からなるデータの中央値は5であり、{2, 3, 5, 7, 9, 10}の6個からなるデータの中央値は(5+7)/2=6となります。

3. 最頻値

最頻値とは名前の通り最も頻度の高い値、つまり、データの中で最も登場回数の多い値です。例えば、{1, 1, 1, 1, 1, 2, 2, 3}の8個からなるデータの最頻値は1となります。

データの分布が歪んでいる場合、これら3つの値は大きく異なります。例えば、厚生労働省が発表している「2019年 国民生活基礎調査の概況」の1世帯あたりの所得金額の分布では、平均値は552万円、中央値は437万円、最頻値は250万円(階級値)となっています。階級値とは各階級の中央の値のことで、例えば200～300万の階級における階級値は250万です。

このように、峰が一つで歪んだ(右に裾を引いた)分布では、小さい順に「最頻値」→「中央値」→「平均値」と並ぶ場合が多いです。

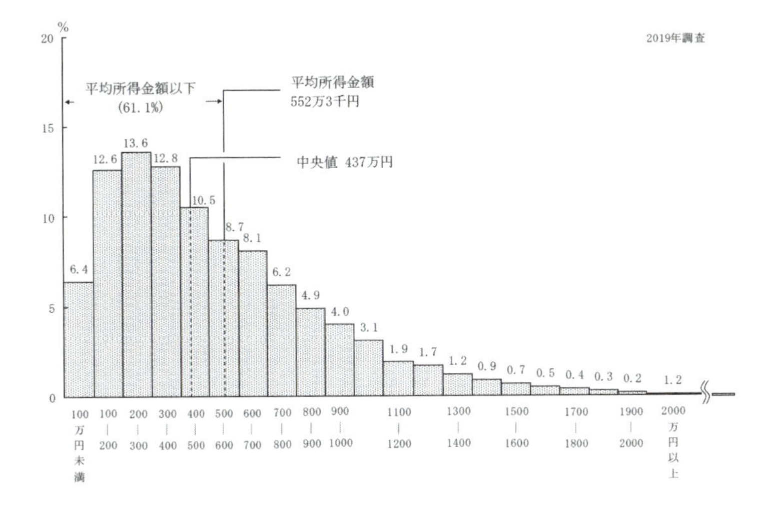

引用：厚生労働省「2019年 国民生活基礎調査の概況」
https://www.mhlw.go.jp/toukei/saikin/hw/k-tyosa/k-tyosa19/index.html

スキルを高めるための学習ポイント

- 平均(相加平均)、中央値、最頻値の算出方法を覚えておきましょう。
- 実際のデータからそれぞれの値を計算することにも慣れておくとよいでしょう。

スキルカテゴリ 基礎数学　サブカテゴリ 統計数理基礎　頻出

DS4 与えられたデータにおける分散と標準偏差が計算できる

分散と標準偏差はどちらも「データのバラツキ」を表す代表値です。

1. 分散

分散(s^2)とは「各データと平均値との差の2乗の平均」です。「各データと平均値との差」を足し合わせると正負が打ち消し合ってしまうので、2乗によりすべて正にしています。分散は次の式で算出できます。

$$s^2 = \frac{\sum_{i=1}^{n}(x_i - \overline{x})^2}{n}$$

2. 標準偏差

標準偏差とは「分散の平方根を取った値」であり、データのバラツキを表す最も一般的な統計量です。標準偏差はsや、SD (Standard Deviation)と表します。算出式は複雑に見えますが、分散の平方根を取っただけですので、分散とのつながりでよく理解しておきましょう。

$$s = \sqrt{s^2} = \sqrt{\frac{\sum_{i=1}^{n}(x_i - \overline{x})^2}{n}}$$

{7, 9, 10, 11, 13}のデータの、分散と標準偏差を実際に計算してみましょう。このデータの平均値は10ですので、次のように計算して、分散は4、標準偏差は2になります。

$$s^2 = \frac{(7-10)^2 + (9-10)^2 + (10-10)^2 + (11-10)^2 + (13-10)^2}{5} = 4 \qquad s = \sqrt{4} = 2$$

分散は2乗していることが原因で、データのばらつきが大きくなるにつれて値が大きくなるため、解釈には注意が必要です。そのため、通常は直感的にバラツキがわかりやすい標準偏差を用います。「平均値±標準偏差」と表現することで、データの大きさとバラツキの程度を一目で判断することができます。

スキルを高めるための学習ポイント

- 分散と標準偏差の指標としての意味を理解し、それぞれの算出式を覚えましょう。
- 実際のデータからそれぞれの値を計算することにも慣れておくとよいでしょう。

DS5 母(集団)平均と標本平均、不偏分散と標本分散がそれぞれ異なることを説明できる

1. 母集団と標本

何らかの調査する際、たいていの場合は、調査対象となる事物についてのデータをすべて収集することはできません。例えば、「日本のりんご一個の質量の平均」について調査するために、日本中のりんごの質量を測定することは不可能です。そこで、身近にある複数のりんごの質量を測定して「日本のりんごの質量の平均」と推定します。調査の対象となるすべてからなる集合を**母集団**といい、母集団から抽出された一部の集合を**標本**といいます。通常は、手元にある標本を分析することで母集団の特性を推定します。

2. 母平均と標本平均

母平均とは母集団の平均、つまり「母集団のデータを足し合わせて母集団の個数で割った値」です。**標本平均**とは標本の平均、つまり「標本のデータを足し合わせて標本の個数で割った値」です。母集団のデータ数は膨大であるため、通常は母平均を直接算出することはできません。しかし、一定の仮定のもとでは、標本平均を用いることで、母平均を効率よく推定可能であることが知られています。

3. 不偏分散と標本分散

分散についても、平均と同様に、母集団の分散を**母分散**、標本の分散を**標本分散**と呼びます。しかし、標本分散は母分散より小さくなる傾向があることが知られており、良い推定量ではありません。これは、標本分散を計算する際、母平均ではなく標本平均を利用していることに起因します。よって、母分散の推定には標本分散を修正した値を用いる必要があります。

不偏分散とは、標本平均を利用することによる分散の過小評価を修正した分散であり、母分散の推定値として用いられます。式は次のようになります。ここでは不偏分散をs^2とします。

$$s^2 = \frac{\sum_{i=1}^{n}(x_i - \overline{x})^2}{n-1} \quad (\overline{x}\text{: 平均値, } n\text{: データの個数, } x_i\text{: } i\text{ 番目のデータ})$$

スキルを高めるための学習ポイント

- 母集団と標本の関係について説明できるようになっておきましょう。
- 標本平均を用いて母平均と母分散を推定する方法について理解しておきましょう。

スキルカテゴリ 基礎数学　　サブカテゴリ 統計数理基礎　　頻出

DS6 標準正規分布の分散と平均の値を知っている

標準正規分布の説明の前に、正規分布について説明します。**正規分布**とは、次の式で定義される連続型確率分布のことです(DS10参照)。

$$f(x) = \frac{1}{\sqrt{2\pi\sigma^2}} exp\left(-\frac{(x-\mu)^2}{2\sigma^2}\right)$$

なお、正規分布は、平均を中心に左右対象で理論的に扱いやすいため、さまざまなシーンで利用されます。

標準正規分布は平均が0、分散が1の正規分布です(DS3,4参照)。

正規分布の標準化とは、正規分布に従う確率変数Xに対して次の計算を行うことです(DS88参照)。この変換で得られた確率変数Zは標準正規分布に従います。

$$Z = \frac{(X-\mu)}{\sigma} \quad (\mu\text{: }X\text{の平均}, \sigma\text{: }X\text{の標準偏差})$$

下の図は、文部科学省が公開している17歳男子の身長の分布をグラフにしたものです。身長を表す確率変数Xの分布を平均170.7cm、標準偏差5.8の正規分布に近似できるものとし、180cm以上の人の割合を計算してみましょう(DS3,4参照)。

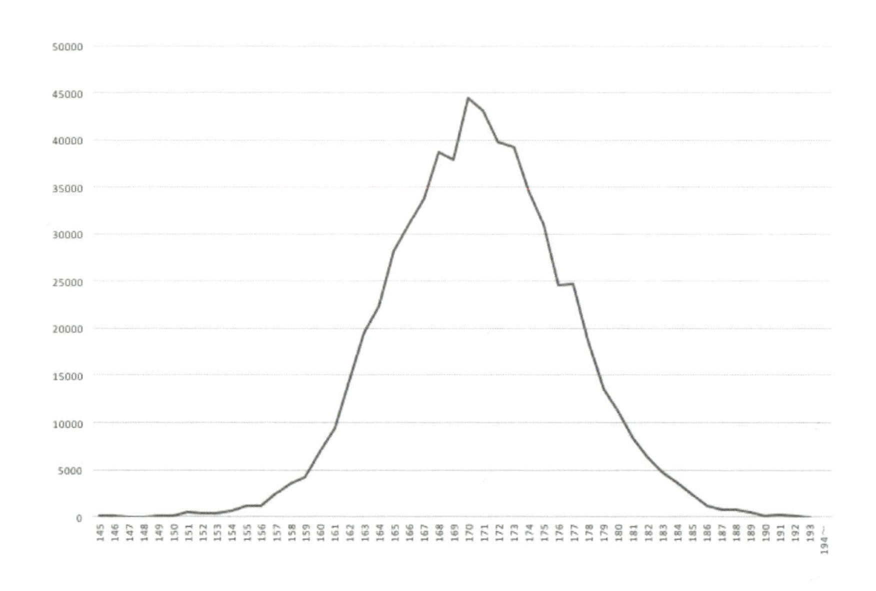

この分布を標準化したZは、Z=(X−170.7)/5.8で表すことができ、Xに180を代入すると、Zの値はおおよそ1.60となります。Zの値が決まると発生確率(割合)は、f(X)の累積確率として計算できます。また、標準正規分布表を用いてZの値から発生確率(割合)を出すこともできます。公表されている標準正規分布表(https://staff.aist.go.jp/t.ihara/normsdist.html)で、1.60の部分を見てみると、0.05480とわかるので、17歳男子の180cm以上の人は全体の5.480%ということがわかります。

上記のようにして、正規分布に近似できる事象において、データの標準化を行うことにより、特定の事象の発生確率を計算することができます。

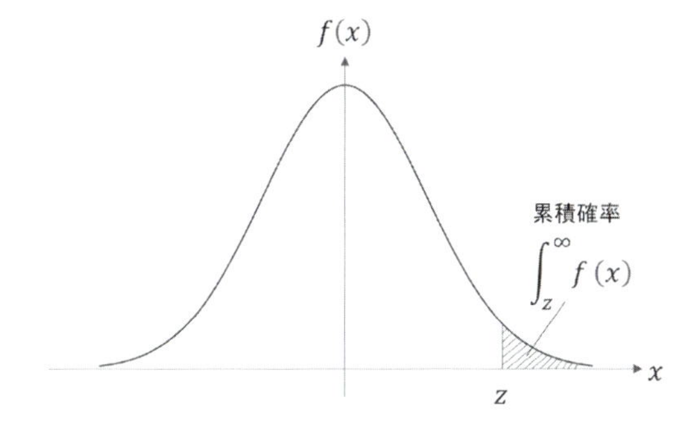

正規分布	z	0	1	2	3	4	5	6	7	8	9
	0	0.5	0.496011	0.492022	0.488033	0.484047	0.480061	0.476078	0.472097	0.468119	0.464144
	0.1	0.460172	0.456205	0.452242	0.448283	0.44433	0.440382	0.436441	0.432505	0.428576	0.424655
	0.2	0.42074	0.416834	0.412936	0.409046	0.405165	0.401294	0.397432	0.39358	0.389739	0.385908
	0.3	0.382089	0.378281	0.374484	0.3707	0.366928	0.363169	0.359424	0.355691	0.351973	0.348268
	0.4	0.344578	0.340903	0.337243	0.333598	0.329969	0.326355	0.322758	0.319178	0.315614	0.312067
	0.5	0.308538	0.305026	0.301532	0.298056	0.294598	0.29116	0.28774	0.284339	0.280957	0.277595
	0.6	0.274253	0.270931	0.267629	0.264347	0.261086	0.257846	0.254627	0.251429	0.248252	0.245097
	0.7	0.241964	0.238852	0.235762	0.232695	0.22965	0.226627	0.223627	0.22065	0.217695	0.214764
	0.8	0.211855	0.20897	0.206108	0.203269	0.200454	0.197662	0.194894	0.19215	0.18943	0.186733
	0.9	0.18406	0.181411	0.178786	0.176186	0.173609	0.171056	0.168528	0.166023	0.163543	0.161087
σ	1	0.158655	0.156248	0.153864	0.151505	0.14917	0.146859	0.144572	0.14231	0.140071	0.137857
	1.1	0.135666	0.1335	0.131357	0.129238	0.127143	0.125072	0.123024	0.121001	0.119	0.117023
	1.2	0.11507	0.11314	0.111233	0.109349	0.107488	0.10565	0.103835	0.102042	0.100273	0.098525
	1.3	0.096801	0.095098	0.093418	0.091759	0.090123	0.088508	0.086915	0.085344	0.083793	0.082264
	1.4	0.080757	0.07927	0.077804	0.076359	0.074934	0.073529	0.072145	0.070781	0.069437	0.068112
	1.5	0.066807	0.065522	0.064256	0.063008	0.06178	0.060571	0.05938	0.058208	0.057053	0.055917
	1.6	0.054799	0.053699	0.052616	0.051551	0.050503	0.049471	0.048457	0.04746	0.046479	0.045514
	1.7	0.044565	0.043633	0.042716	0.041815	0.040929	0.040059	0.039204	0.038364	0.037538	0.036727
	1.8	0.03593	0.035148	0.034379	0.033625	0.032884	0.032157	0.031443	0.030742	0.030054	0.029379
	1.9	0.028716	0.028067	0.027429	0.026803	0.02619	0.025588	0.024996	0.024419	0.023852	0.023295
2σ	2	0.02275	0.022216	0.021692	0.021178	0.020675	0.020182	0.019699	0.019226	0.018763	0.018309

標準正規分布表
引用：https://staff.aist.go.jp/t.ihara/normsdist.html

スキルを高めるための学習ポイント

- 正規分布の特徴を説明できるようになりましょう。
- 標準正規分布と正規分布の違いについて理解しましょう。

DS7　相関関係と因果関係の違いを説明できる

相関関係とは、2つの物事の間で一方が変化すれば他方も変化するような関係をいいます。また、因果関係とは2つ以上の物事が原因と結果の関係にあることをいいます。データサイエンスの分野において、相関関係や因果関係を捉えることは非常に重要です。

相関関係があったとしても、必ずしも因果関係があるとは限りません。相関関係と因果関係同士には、どのような関係があるかを見てみましょう。

1. 相関関係があり、因果関係が考えられる例

アイスクリームの売上と気温の関係に着目してみます。この2つの関係に相関関係が生じたとき、気温の上昇によってアイスクリームの売上が上昇したという因果関係を考えることができます。

2. 相関関係があり、因果関係は考えられない例

アイスクリームの売上と熱中症の患者数の関係に着目してみます。この2つの関係に相関関係が生じたとしても、この2つに因果関係はないかもしれません。アイスの売上、熱中症の患者数の要因には、気温という共通の因子が考えられるためです。このように2つの物事に相関が生じたとしても因果関係がない場合、この相関関係を擬似相関と呼びます。

さらに具体例を考えます。例えば、早起きと年収に正の相関がある場合について考えてみましょう。このとき、「早起きをすれば年収が上がる」と考えるのは短絡的かもしれません。なぜならば、「年収の高い職業は早起きをしなくてはならない」というように、因果関係が逆である可能性があるからです。また、年収が高い人の多くはご年配の方が多く、早く目が覚めてしまうという外部の因子が隠れている可能性も考えられるでしょう。

具体例からわかるように、相関関係があれば因果関係があると考えてしまうのは短絡的である可能性があります。データサイエンスにおいて因果関係を捉え間違えることによって、正しい意思決定が阻害されてしまうかもしれないのです。

スキルを高めるための学習ポイント

- 相関関係、因果関係とは何かを理解しましょう。
- 2つの事象の関係性を、相関と因果関係の有無を用いて説明できるようにしましょう。

DS8 名義尺度、順序尺度、間隔尺度、比例尺度の違いを説明できる

本項目の尺度という言葉は「データの種類」と解釈するとよいでしょう。私達が収集するデータは、量的データと質的データに大きく分けられます。

1. 量的データ

量的データとは「数値自体に意味があり、足し算や引き算ができるデータ」であり、比例尺度と間隔尺度があります。量的データには平均値やさまざまな統計量が使用できます。

比例尺度とは、長さや絶対温度、質量などの物理量や価格など、絶対的なゼロ点を持つデータの尺度です。これらのデータは平均値や倍率を求めることができます。

間隔尺度は絶対的なゼロ点を持ちません。例えば摂氏0℃は、水の融点という意味はありますが、0℃で温度が消失するわけではありません。間隔尺度では倍率の計算をすることができない点に注意しましょう。例えば「20℃は10℃の2倍暑い」などと言うことはできません。

2. 質的データ

質的データとは「分類や種類を区分するラベルとしてのデータ」であり、順序尺度と名義尺度があります。質的データは、和や差、平均値の計算に意味がないことに注意しましょう。

順序尺度とは、等級や満足度のような大小の比較のみ可能なデータです。順序尺度のデータは間隔が明確でないため、通常は平均値は意味を持ちません。

名義尺度とは、「子どもを0、成人を1」のように、内容を区別するためだけに数値が与えられているデータのことです。名義尺度のデータは等号で比較可能です。

尺度により使用可能な統計手法が異なるため、データの尺度を誤解すると間違った分析をしてしまう危険があります。例えば、データサイエンティストスキルチェックリストは、★1～★3まで3つのレベルで構成されていますが、ある会社Aでは★1が3名、別の会社Bでは★3が1名、★0が2名いたとしましょう。それぞれ3名の平均を取れば★1になりますが、実力が同じと結論付けるのは不適切です。レベルは順序尺度であり、比例尺度で使われる平均値には意味がありません。

スキルを高めるための学習ポイント

- 名義尺度、順序尺度、間隔尺度、比例尺度について説明できるようにしましょう。
- 身の回りにあるデータがどの尺度であるかを判断できるようになりましょう。

DS9 一般的な相関係数(ピアソン)の分母と分子を説明できる

相関係数とは2つの変数が直線でモデル化できるような線形な関係性の強さを示す指標です。相関係数を計算するだけで、簡単にデータ間の関係性について知ることができます。

相関係数にはピアソンの積率相関、スピアマンの順位相関などがありますが、ここではピアソンの積率相関のみを紹介します。ピアソンの相関係数は、量的データ(比例尺度、間隔尺度)のみで計算可能であり、質的データ(順序尺度、名義尺度)では計算できません。この場合、相関係数r_{xy}は下に示した式の左のように定義されています。S_xとS_yはおのおのxとyの標準偏差、S_{xy}は共分散を表し、共分散は下に示した式の右のように計算できます。

$$r_{xy} = \frac{S_{xy}}{S_x S_y} \qquad S_{xy} = \frac{\sum_{i=1}^{n}(x_i - \overline{x})(y_i - \overline{y})}{n}$$

相関係数は−1から1までの実数値を取ります。相関係数が正の値の場合、xが大きくなるとyが大きくなる傾向があることがわかります。これを正の相関といいます。

反対に、相関係数が負の値の場合、xが大きくなるとyが小さくなる傾向があることがわかります。これを負の相関といいます。

相関係数が1(正の相関)や−1(負の相関)に近ければ近いほど強い相関があるといい、中程度の値の場合は弱い相関といい、0のときは無相関といいます。

試しに、アイスクリームの売上と1日の平均気温を例として、表にある疑似データの相関係数を具体的に計算してみてください。

日にち	7/1	7/5	7/10	7/11	7/12
気温(℃)	30	27	28	29	26
アイスクリームの売上(個)	30	24	24	26	21

1日の平均気温とアイスクリームの売り上げ5日分のデータ(営業日が不定期な場合を想定)

先ほどの式を用いれば、アイスクリームの売り上げと、気温の相関係数は0.953と算出できます。つまり、気温とアイスクリームの売り上げには、強い正の相関があるということがわかりました。ここでは計算を簡便化するためデータ数が少なかったですが、多くのデータを与えられた場合でも、相関係数で2つのデータの関係の強さを知ることができます。

なお、相関係数の絶対値が大きくても、必ずしも強い相関があるとは言い切れない事例がいくつか観測されています。

実際にデータ間の関係性を見る際、相関係数のみで相関の有無を判断するのではなく、散布図でも確認するのが望ましいです(DS69参照)。

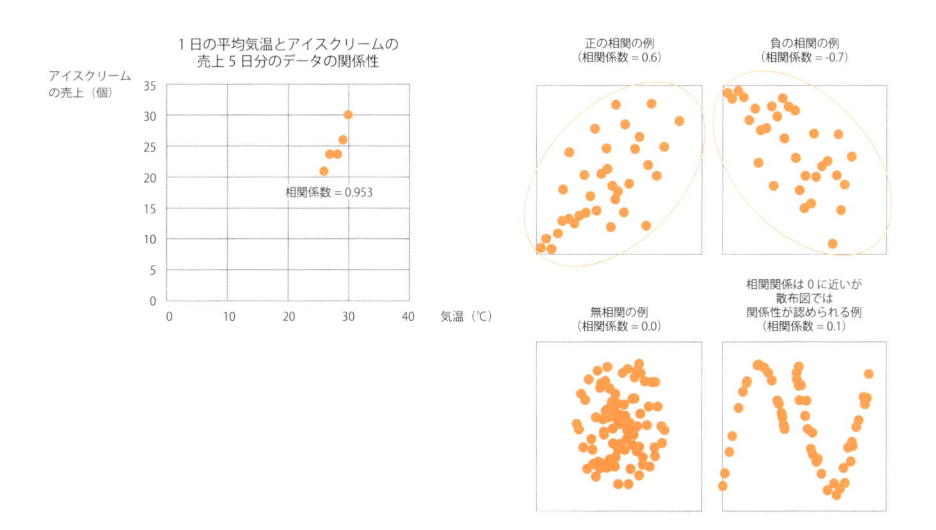

スキルを高めるための学習ポイント

- 相関係数とは何かを説明できるようにしましょう。
- 2つの確率変数の相関係数の導出方法についても押さえておきましょう。

スキルカテゴリ 基礎数学　　サブカテゴリ 統計数理基礎　　頻出

DS10　5つ以上の代表的な確率分布を説明できる

確率分布には多くの種類が存在し、それらを用いることで世の中の事象の確率を表現できます。確率分布は、離散型確率分布と連続型確率分布に分けられます。

1. 離散型確率分布

離散型確率分布は、サイコロの目や1日のメールの件数のように、有限個または無限個であったとしても自然数と対応づけられる離散型の確率変数が従う自然数しか取らないような離散的な確率変数の確率分布をいいます。

ベルヌーイ分布は、「成功、失敗」「表、裏」などの2種類のみの結果しか得られない試行の結果を、例えば0と1で表した確率分布です。コインの表が出る確率などを計算することができます。このように、試行結果が2通りしかない試行を**ベルヌーイ試行**といいます。

二項分布は、互いに独立したベルヌーイ試行をn回行ったときに、「コインの表が出る」といった考えている事象がx回起こる確率を表現した確率分布です。具体的には、コインをn回投げたときに表がx回出る確率を計算することができます。

ポアソン分布は、単位時間あたり平均λ回起こる現象が、x回起こることを表現した確率分布で、稀な現象を表現できます。1日平均1件の交通事故が起こる地域で、3日連続で交通事故が起こらない確率などを計算できます。

2. 連続型確率分布

連続型確率分布は確率変数が実数値を取る場合の確率分布をいいます。

正規分布とは、平均･中央値･最頻値が一致し、理論的に扱いやすくさまざまなシーンで登場する連続型確率分布です。具体的には、身長180cm以上の方がどのくらいの割合でいるかなどを計算することができます。また、標本数が大きい標本平均は、正規分布に従うことが知られています。

指数分布とは、単位時間あたり平均λ回起こる現象が、次に起こるまでの期間が単位時間ではかってxであることを表現した連続型確率分布です。ある店で1時間平均10人来ることがわかっている場合、10分以内に次の人が来る確率などを計算できます。

カイ二乗分布とは、互いに独立な標準正規分布に従う確率変数の2乗和が従う連続確率分布で、誤差の二乗和がこの分布によく従うことから、統計的検定などで利用されます。

● スキルを高めるための学習ポイント

- 離散型確率分布と連続型確率分布の違いと具体例を理解しておきましょう。

DS11 二項分布の事象もサンプル数が増えていくとどのような分布に近似されるかを知っている

二項分布は、互いに独立したベルヌーイ試行をn回行ったときに、「コインの表が出る」といった考えている事象がx回起こることを表現した確率分布です(DS10参照)。この二項分布は、ベルヌーイ試行の回数であるnを増加させることで、正規分布に近づいて行くことが知られています。

例として、ベルヌーイ試行を10回、20回、50回、100回と増やしたときの、コインの表が出る回数を横軸とする二項分布の確率分布を次に示します。

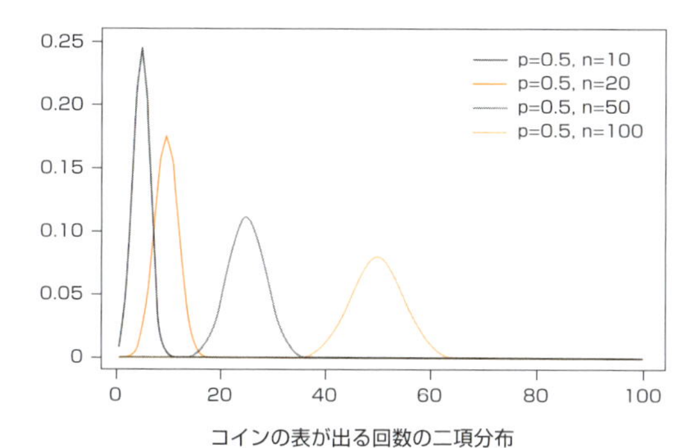

コインの表が出る回数の二項分布
引用：https://bellcurve.jp/statistics/course/6979.html

コインを投げる回数を増やすにつれて、分布がなめらかになっていくのがわかると思います。この回数を無限に増やしたとき、この分布は正規分布で近似できます。また、近似した分布に対して標準化を行うことで、標準正規分布として扱うこともできます(DS6,88参照)。

二項分布の確率分布の計算には、累乗や組合せの計算が用いられており、ベルヌーイ試行の回数が増えることでその計算量が爆発的に増えます。一方で、二項分布を正規分布に近似することによって、その計算コストを抑えることができます。

二項分布は記載したコイントスの例にとどまらず、汎用的な分布でありながら、試行回数が大きいときに正規分布で近似することができるという扱いやすい性質を持っています。

スキルを高めるための学習ポイント

- サンプルサイズが増えた二項分布は、正規分布に近似できることを覚えておきましょう。正規分布に近似できると、より簡単に確率に関する値を計算することができます。

スキルカテゴリ 基礎数学　　サブカテゴリ 統計数理基礎　　頻出

DS12 変数が量的、質的どちらの場合でも関係の強さを算出できる

DS9で説明したピアソンの積率相関は、量的データに対して2つの変数の線形関係の強さを示しました。一方で、スピアマンの順位相関は質的データである順位データに対して2つの変数の単調関係を示します。単調関係とは、一方の変数が増加するときに、もう一方の変数が増加(減少)し続ける度合いです。係数が+1であれば単調増加であり、−1であれば単調減少です(DS9参照)。

下の2つの散布図を用いて、2つの相関係数を比較しましょう(DS69参照)。左の図では点が直線上に分布しています。右の図では、$y=x^3$のグラフ上に点が分布、左の図ではどちらの相関係数も+1となりますが、右の図ではデータが黒い点線で示したような厳密な線形関係ではないのでピアソンの積率相関は1を下回ります。しかし、$y=x^3$は単調増加であるため、スピアマンの順位相関は+1となります。このように、スピアマンの順位相関は、値の増加の幅を考慮せずに、単調関係のみ評価することができます。

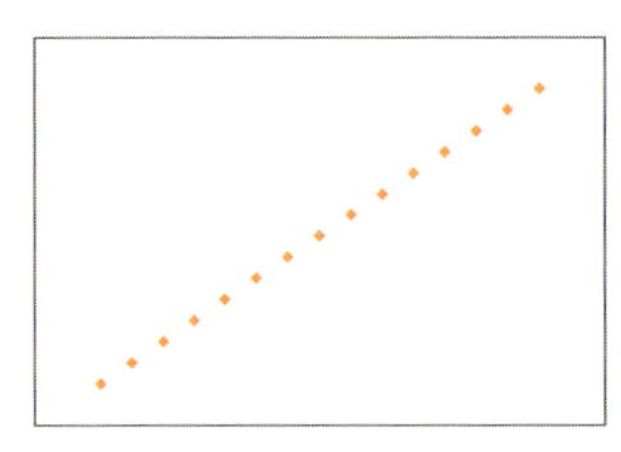

ピアソン=+1、スピアマン=+1

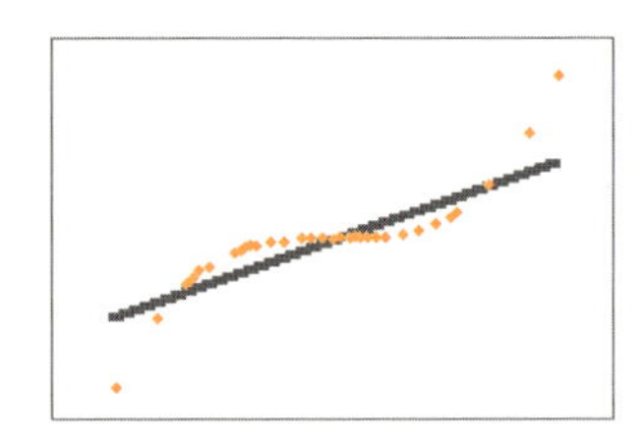

ピアソン=+0.851、スピアマン=+1

引　用：https://support.minitab.com/ja-jp/minitab/18/help-and-how-to/statistics/basic-statistics/supporting-topics/correlation-and-covariance/a-comparison-of-the-pearson-and-spearman-correlation-methods/

スピアマンの順位相関は、相関を計算したい2つの変数を順位に変換してからピアソンの積率相関を計算することで求めることができます。

スキルを高めるための学習ポイント

- 対象となるデータの種類に応じて、ピアソンの積率相関とスピアマンの順位相関の違いを理解し、それぞれ計算できるようにしましょう。

DS13 ベイズの定理を説明できる

事象Aが起こったという条件の下で事象Bが起こる条件付き確率は、以下の式で計算できます(DS2参照)。

$$P(B|A) = \frac{P(B) \cdot P(A|B)}{P(A)}$$

P(A)：事象Aが起こる確率
P(B)：事象Bが起こる確率
P(A | B)：事象Bのもと事象Aが起こる確率

これをベイズの定理といいます。P(B | A)は、Aが起こったという事実を知った後に計算できる確率であるため、事後確率と呼びます。また、P(B)を事前確率と呼びます。ベイズの定理は以下のようにも表現できます。

$$P(B|A) = \frac{P(B) \times P(A|B)}{P(B) \times P(A|B) + P(\bar{B}) \times P(A|\bar{B})}$$

$P(\bar{B})$：事象Bが起こらない確率
$P(A|\bar{B})$：事象Bが起こらないもと事象Aが起こる確率

ここではベイズの定理を用いて、迷惑メールについての確率計算をしてみましょう。事象をそれぞれ以下のように定義します。

A：メールに「お得」という文字が書かれてあるという事象
$\bar{A}$：メールに「お得」という文字が書かれてないという事象
B：迷惑メールであるという事象　$\bar{B}$：迷惑メールでないという事象

$P(B) = 1/4$　すべてのメールにおいて、あるメールが迷惑メールである確率
$P(\bar{B}) = 3/4$　すべてのメールにおいて、あるメールが迷惑メールでない確率
$P(A|B) = 4/5$　迷惑メールに「お得」と書かれてある条件付き確率
$P(A|\bar{B}) = 1/10$　迷惑メールではないが、「お得」と書かれてある条件付き確率

このとき、「お得」というメールが書かれてあるという条件の下で、事後的にそのメールが迷惑メールである確率P(B | A)は、以下のように計算できます。

$$P(B|A) = \frac{(\frac{1}{4} \times \frac{4}{5})}{(\frac{1}{4} \times \frac{4}{5} + \frac{3}{4} \times \frac{1}{10})} = \frac{8}{11}$$

スキルを高めるための学習ポイント

- 事前確率と事後確率(条件付き確率)の意味を理解し、ベイズの定理の数式を覚えましょう。
- ベイズの定理を用いて、事後確率(条件付き確率)を実際に計算できるようにしましょう。

スキルカテゴリ 基礎数学　サブカテゴリ 線形代数基礎　頻出

DS18 ベクトルの内積に関する計算方法を理解し線形式をベクトルの内積で表現できる

データサイエンスにおいて、複数の数値の組み合わせについてさまざまな計算を行うことがあります。この複数の数値の組み合わせのことを**ベクトル**といいます。これに対して、単なる数値のことを**スカラー**といいます。

例えば、a_1とa_2という2つ値を持つベクトル$\overrightarrow{a}$は、$\overrightarrow{a}=(a_1,a_2)$または$\overrightarrow{a}=\binom{a_1}{a_2}$と書きます。値を横に並べたものを**行ベクトル**、値を縦に並べたものを**列ベクトル**、ベクトルに含まれるそれぞれの値を**要素(成分)**と呼びます。n個の要素からなるベクトルは、**n次元ベクトル**と呼び、ベクトルを構成する要素はいくつでも構いません。ここでは理解がしやすいよう、まずは2次元ベクトルで説明します。

2次元ベクトルは平面で表現できます。例えば、$\overrightarrow{m}=(3,2)$、$\overrightarrow{n}=(1,3)$は次のように書くことができます。

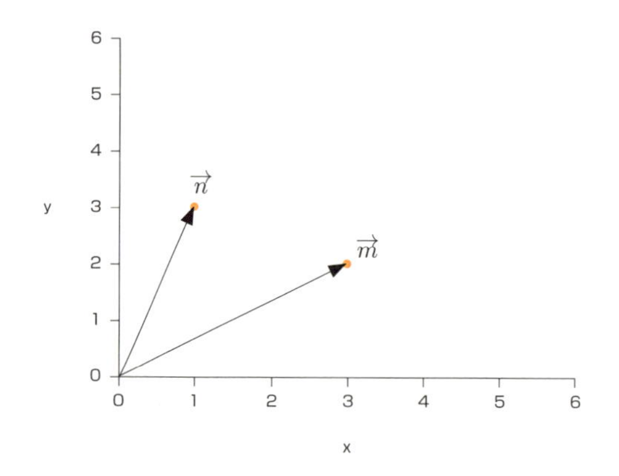

ベクトルは、座標における位置(向き)と長さ(大きさ)を持つと考えると深い理解につながります。例えば$\overrightarrow{m}$は、0からx座標3、y座標2の方向に、$\sqrt{13}(=\sqrt{3^2+2^2})$の大きさを持ちます。

ベクトルの演算には和とスカラー倍があります。2つのベクトルの和は、各成分の和で定義され、ベクトルのスカラー倍は、各成分をスカラー倍することで定義されます。

$$\text{和}:\begin{pmatrix}a_1\\a_2\end{pmatrix}+\begin{pmatrix}b_1\\b_2\end{pmatrix}=\begin{pmatrix}a_1+b_1\\a_2+b_2\end{pmatrix}$$

$$\text{スカラー倍}:k\begin{pmatrix}a_1\\a_2\end{pmatrix}=\begin{pmatrix}ka_1\\ka_2\end{pmatrix}$$

要素が2つ以上の場合も同様に考えることができ、n個の要素からなるベクトル$\overrightarrow{a}$は、$\overrightarrow{a} = (a_1, a_2, ..., a_n)$または$\overrightarrow{a} = \begin{pmatrix} a_1 \\ a_2 \\ \vdots \\ a_n \end{pmatrix}$と書くことができます。すべての要素が0であるベクトルを$\overrightarrow{0}$と表し、**ゼロベクトル**と呼びます。すべての要素が1であるベクトルを$\overrightarrow{1}$と表します。長さが1のベクトルを**単位ベクトル**と呼び、i番目の成分のみ1で他が0のベクトルを$\overrightarrow{e_i}$と書きます。

$$\overrightarrow{0} = \begin{pmatrix} 0 \\ \vdots \\ 0 \end{pmatrix}, \quad \overrightarrow{e_n} = \begin{pmatrix} 0 \\ \vdots \\ 1 \end{pmatrix}, \quad \overrightarrow{1} = \begin{pmatrix} 1 \\ \vdots \\ 1 \end{pmatrix}$$

また、$\overrightarrow{a} = \begin{pmatrix} a_1 \\ a_2 \\ \vdots \\ a_n \end{pmatrix}$と$\overrightarrow{b} = \begin{pmatrix} b_1 \\ b_2 \\ \vdots \\ b_n \end{pmatrix}$があるとき、その内積$\overrightarrow{a} \cdot \overrightarrow{b}$は

$$\overrightarrow{a} \cdot \overrightarrow{b} = a_1 \times b_1 + a_2 \times b_2 + \cdots + a_n \times b_n$$

で表されます。先ほどの$\overrightarrow{m}, \overrightarrow{n}$の内積は、$\overrightarrow{m}, \overrightarrow{n} = 3 \times 1 + 2 \times 3 = 9$となります。

この内積を用いることで、データサイエンスの処理を簡略に表現することができます。例えば、3人が持っているお小遣い100円、200円、300円をベクトル$\overrightarrow{d}$で表したとき、$\overrightarrow{d} = \begin{pmatrix} 100 \\ 200 \\ 300 \end{pmatrix}$となります。この全員のお小遣いの合計は、単位ベクトルを使って、$\overrightarrow{1} \cdot \overrightarrow{d}$で表すことができ、また3人のお小遣いの平均は$\frac{1}{n} \times \overrightarrow{1} \cdot \overrightarrow{d}$で表すことができます。

なお、内積については、計算の簡略化だけでなく、図形的な意味での活用も知られていますが、本書の範囲を超えるのでここでは省略します。

● スキルを高めるための学習ポイント

- データを一度に持つことができるベクトルを理解しましょう。
- ベクトルの内積の計算方法とそのメリットを理解しましょう。

DS19 行列同士、および行列とベクトルの計算方法を正しく理解し、複数の線形式を行列の積で表現できる

数を方形に並べたものを**行列**(マトリックス)といいます。横の並びを行、縦の並びを列と呼びます。m行n列の行列Aは

$$A = \begin{pmatrix} a_{11} & \cdots & a_{1n} \\ \vdots & \ddots & \vdots \\ a_{m1} & \cdots & a_{mn} \end{pmatrix}$$

と表すことができ、m×n行列と書くこともあります。特にm=nとなる行列を**正方行列**と呼びます。DS18でも出たn次元ベクトルは、n×1行列または1×n行列と考えることができます。なお、構成するそれぞれの数値を**要素(成分)**と呼びます。

1. 行列にスカラーを掛ける

行列にもスカラーを掛けることができます。行列Aをk倍した行列は、

$$kA = \begin{pmatrix} ka_{11} & \cdots & ka_{1n} \\ \vdots & \ddots & \vdots \\ ka_{m1} & \cdots & ka_{mn} \end{pmatrix}$$

と表すことができます。

2. 2つの行列の和と差

m×n行列AとB

$$A = \begin{pmatrix} a_{11} & \cdots & a_{1n} \\ \vdots & \ddots & \vdots \\ a_{m1} & \cdots & a_{mn} \end{pmatrix} \qquad B = \begin{pmatrix} b_{11} & \cdots & b_{1n} \\ \vdots & \ddots & \vdots \\ b_{m1} & \cdots & b_{mn} \end{pmatrix}$$

の和A+Bと差A−Bは、次のように計算できます。

$$A + B = \begin{pmatrix} a_{11} + b_{11} & \cdots & a_{1n} + b_{1n} \\ \vdots & \ddots & \vdots \\ a_{m1} + b_{m1} & \cdots & a_{mn} + b_{mn} \end{pmatrix} \qquad A - B = \begin{pmatrix} a_{11} - b_{11} & \cdots & a_{1n} - b_{1n} \\ \vdots & \ddots & \vdots \\ a_{m1} - b_{m1} & \cdots & a_{mn} - b_{mn} \end{pmatrix}$$

AとBの行数あるいは列数が異なる場合は、行列の和と差の計算はできません。

3. 2つの行列の積

m×n行列Aとp×q行列Bは、n＝pのときにそれらの積ABが定義できます。A, B, C＝AB を次のように書くと、

$$A = \begin{pmatrix} a_{11} & \cdots & a_{1n} \\ \vdots & \ddots & \vdots \\ a_{m1} & \cdots & a_{mn} \end{pmatrix} \quad B = \begin{pmatrix} b_{11} & \cdots & b_{1q} \\ \vdots & \ddots & \vdots \\ b_{p1} & \cdots & b_{pq} \end{pmatrix} \quad AB = C = \begin{pmatrix} c_{11} & \cdots & c_{1q} \\ \vdots & \ddots & \vdots \\ c_{m1} & \cdots & c_{mq} \end{pmatrix}$$

積C＝ABのi行j列の要素c_{ij}はAのi行目の

$$c_{ij} = a_{i1}b_{1j} + a_{i2}\,b_{2j} + \cdots + a_{in}bp_j \quad (i = 1,\cdots m, j = 1\cdots, q)$$

例えば、2×2行列 $A = \begin{pmatrix} 3 & 2 \\ 1 & 4 \end{pmatrix}$ $B = \begin{pmatrix} 2 & 3 \\ 0 & 1 \end{pmatrix}$ の積ABは、

$$A = \begin{pmatrix} 3 \times 2 + 2 \times 0 & 3 \times 3 + 2 \times 1 \\ 1 \times 2 + 4 \times 0 & 1 \times 3 + 4 \times 1 \end{pmatrix} = \begin{pmatrix} 6 & 11 \\ 2 & 7 \end{pmatrix}$$

すべての要素が0の行列を**ゼロ行列**と呼び、Oで表します。また、対角要素がすべて1、それ以外が0の正方行列を**単位行列**と呼び、I（またはE）で表します。

$$O = \begin{pmatrix} 0 & 0 & \cdots & 0 & 0 \\ 0 & 0 & \cdots & 0 & 0 \\ \vdots & \vdots & \ddots & \vdots & \vdots \\ 0 & 0 & \cdots & 0 & 0 \\ 0 & 0 & \cdots & 0 & 0 \end{pmatrix} \qquad I = E = \begin{pmatrix} 1 & 0 & \cdots & 0 & 0 \\ 0 & 1 & \cdots & 0 & 0 \\ \vdots & \vdots & \ddots & \vdots & \vdots \\ 0 & 0 & \cdots & 1 & 0 \\ 0 & 0 & \cdots & 0 & 1 \end{pmatrix}$$

● スキルを高めるための学習ポイント

- m×n個の値を一度に持つことができる行列を理解しましょう。
- 行列とベクトルの違いを理解しましょう。
- 行列の和、差、積はどのような時に計算ができるのかを理解し、実際に計算できるようにしましょう。

スキルカテゴリ　基礎数学　　サブカテゴリ　線形代数基礎　　頻出

DS20　逆行列の定義、および逆行列を求めることにより行列表記された連立方程式を解くことができることを理解している

中学校で学習した連立方程式は、行列を使っても解くことができます。例えば、りんご3個とかき5個で460円、りんご1個とかき2個で170円だった場合の、りんごとかきの値段を求めるとします。りんごの値段をx、かきの値段をyとすると、以下の式の左の連立方程式を書くことができますが、これを行列で書くと以下の式の右のようになります。

$$\begin{cases} 3x + 5y = 460 \\ x + 2y = 170 \end{cases} \qquad \begin{pmatrix} 3 & 5 \\ 1 & 2 \end{pmatrix}\begin{pmatrix} x \\ y \end{pmatrix} = \begin{pmatrix} 460 \\ 170 \end{pmatrix}$$

このとき、左辺、右辺に左から$\begin{pmatrix} 2 & -5 \\ -1 & 3 \end{pmatrix}$を掛けてみると以下のようになり、x=70、y=50と解くことができます。

$$(\text{左辺}) = \begin{pmatrix} 2 & -5 \\ -1 & 3 \end{pmatrix}\begin{pmatrix} 3 & 5 \\ 1 & 2 \end{pmatrix}\begin{pmatrix} x \\ y \end{pmatrix}$$

$$= \begin{pmatrix} 2\times 3 + (-5)\times 1 & 2\times 5 + (-5)\times 2 \\ (-1)\times 3 + 3\times 1 & (-1)\times 5 + 3\times 2 \end{pmatrix} = \begin{pmatrix} 1 & 0 \\ 0 & 1 \end{pmatrix}\begin{pmatrix} x \\ y \end{pmatrix} = \begin{pmatrix} x \\ y \end{pmatrix}$$

$$(\text{右辺}) = \begin{pmatrix} 2 & -5 \\ -1 & 3 \end{pmatrix}\begin{pmatrix} 460 \\ 170 \end{pmatrix} = \begin{pmatrix} 2\times 460 + (-5)\times 170 \\ (-1)\times 460 + 3\times 170 \end{pmatrix} = \begin{pmatrix} 70 \\ 50 \end{pmatrix}$$

このように左からある行列を掛け、単位行列となる行列を見つけることができれば、連立方程式は解くことができます。ある正方行列Aに対してXA=I（単位行列）またはAX=Iとなる行列Xのことを**逆行列**と呼び、A^{-1}と表します。

2×2行列 $A = \begin{pmatrix} a & b \\ c & d \end{pmatrix}$ の逆行列 A^{-1} は、$ad - bc \neq 0$ のとき存在し、次の計算式で求めることができます。

$$A^{-1} = \frac{1}{|ad-bc|}\begin{pmatrix} d & -b \\ -c & a \end{pmatrix}$$

この計算式を使い、$A=\begin{pmatrix}3&5\\1&2\end{pmatrix}$の逆行列は、次のように算出することができます。

$$A^{-1}=\frac{1}{|3\times 2-5\times 1|}\begin{pmatrix}2&-5\\-1&3\end{pmatrix}=\begin{pmatrix}2&-5\\-1&3\end{pmatrix}$$

逆行列A^{-1}は$A^{-1}A=AA^{-1}=I$(単位行列)を満たします。また、逆行列A^{-1}を求める際に計算をする$|ad-bc|$はAの行列式と呼ばれ、$det(A)$または$|A|$などで表します。同様に3×3以上についても、逆行列を求めることで、連立方程式を解くことができます。

スキルを高めるための学習ポイント

- 連立方程式を、行列式を用いて表せるようにしましょう。
- 逆行列が必要となる意味を理解し、逆行列を求めることができるようにしましょう。

DS21 固有ベクトルおよび固有値の意味を理解している

n次の正方行列Aと、0でないn次の列ベクトル$\overrightarrow{x}$が、

$$A\overrightarrow{x} = \lambda\overrightarrow{x} \quad ※\lambdaはスカラー（値は不要）$$

を満たすとき、λを行列Aの**固有値**、$\overrightarrow{x}$を**固有ベクトル**と呼びます。この式を変形すると、次のようになります。

$$A\overrightarrow{x} - \lambda\overrightarrow{x} = A\overrightarrow{x} - \lambda I\overrightarrow{x} = (A - \lambda I)\overrightarrow{x} = \overrightarrow{0}$$

$\overrightarrow{x}$が$\overrightarrow{0}$（自明な解）以外を持つためには、行列(A－λI)が逆行列を持たないことが必要であり、結果として行列式$det(A - \lambda I) = 0$という条件式が導出されます。

つまり2×2行列 $A = \begin{pmatrix} a & b \\ c & d \end{pmatrix}$においては

$$det\left(\begin{pmatrix} a & b \\ c & d \end{pmatrix} - \lambda\begin{pmatrix} 1 & 0 \\ 0 & 1 \end{pmatrix}\right) = det\left(\begin{pmatrix} a-\lambda & b \\ c & d-\lambda \end{pmatrix}\right) = (a-\lambda)(d-\lambda) - bc = 0$$

となるλを求めることで固有値が算出できます。

例えば、2×2行列 $A = \begin{pmatrix} 1 & 4 \\ 1 & -2 \end{pmatrix}$ のときの固有値は、

$$det\left(\begin{pmatrix} 1 & 4 \\ 1 & -2 \end{pmatrix} - \lambda\begin{pmatrix} 1 & 0 \\ 0 & 1 \end{pmatrix}\right) = (1-\lambda)(-2-\lambda) - 4\times 1 = \lambda^2 + \lambda - 6 = (\lambda - 2)(\lambda + 3) = 0$$

を解いて$\lambda = 2, -3$となります。$\lambda = 2$のときの固有ベクトルは

$$(A - \lambda I)\overrightarrow{x} = \left(\begin{pmatrix} 1 & 4 \\ 1 & -2 \end{pmatrix} - 2\begin{pmatrix} 1 & 0 \\ 0 & 1 \end{pmatrix}\right)\begin{pmatrix} x_1 \\ x_2 \end{pmatrix} = \begin{pmatrix} -1 & 4 \\ 1 & -4 \end{pmatrix}\begin{pmatrix} x_1 \\ x_2 \end{pmatrix} = \begin{pmatrix} 0 \\ 0 \end{pmatrix}$$

これを満たすx_1とx_2を求めることで計算できます、例えば、$\begin{pmatrix} 4 \\ 1 \end{pmatrix}$は固有ベクトルの1つです。

同様に$\lambda = -3$のとき、$\begin{pmatrix} 1 \\ -1 \end{pmatrix}$は固有ベクトルであることがわかります。

行列Aの固有ベクトル$\vec{x}$は、$A\vec{x}$が$\vec{x}$のスカラー倍(つまりλ倍)なので、向きがそのままか、逆向きになるのみで、回転されません。そのため、さまざまな計算で利用されます。図の黒い矢印は固有ベクトルで、色の付いた矢印はそれをA倍したベクトルです。黒い矢印も色の付いた矢印も同一直線状にあることがわかります。

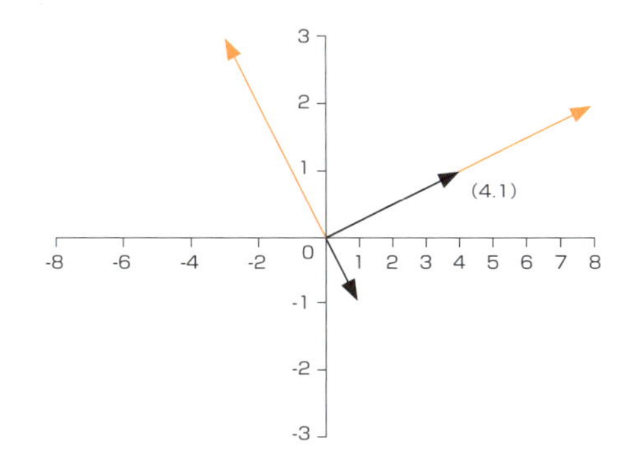

固有値、固有ベクトルは、データサイエンスでは主成分分析などで使われます。具体的には、高次元のデータに対してより低い次元でデータの性質を説明するときに使われています。

スキルを高めるための学習ポイント

- 2×2行列の固有値、固有ベクトルを算出できるようにしましょう。
- 固有値、固有ベクトルがどの分析手法で使われるかを理解しましょう。

スキルカテゴリ 基礎数学　サブカテゴリ 微分・積分基礎　頻出

DS22 微分により計算する導関数が傾きを求めるための式であることを理解している

微分には非常に広く深い世界がありますが、ここでは、その意味にフォーカスして紹介します。

微分を用いると、関数の各点での接線の傾きを調べることができます。接線とは、基本的にその点において曲線と触れるように接する直線です。例えば、以下の $y = 2x^2$ というグラフを見てみると、図の色のついた直線が接線で、この接線と曲線が触れるように接している点(1,2)を接点と呼びます。

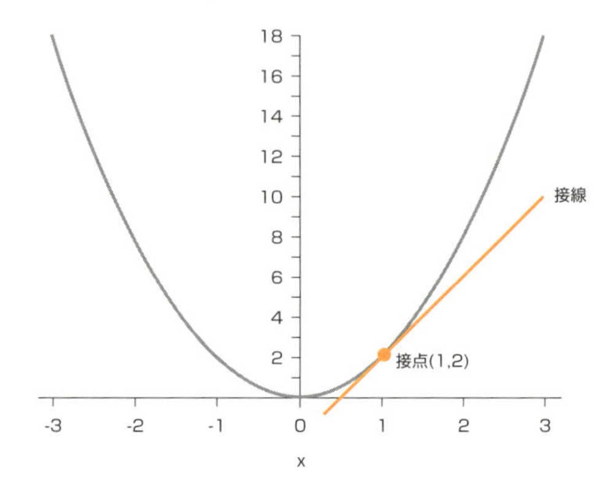

$f(x) = 2x^2$としたとき、その微分は$f'(x) = 4x$となります。この関数のことを導関数と呼び、$y = 2x^2$ 上の点における傾きを算出することができます。例えば、上のグラフにあるx=1における接線の傾きは$f'(1) = 4$となり、x=0における接線の傾きは$f'(0) = 0$となります。

厳密な定義は省略しますが、微分の定義ではある一点の周りを非常に細かく見ることになります。そのため、$f(x)$に「$'$」を付けた$f'(x)$の代わりに、次のように書く場合もあります。このdxとは、極めて小さいことを示しています。

$$\frac{df(x)}{dx} \qquad \frac{d}{dx}f(x)$$

$f(x)$が1次関数(直線)の場合は、接戦がもとの直線と一致するため、$f'(x)$は定数関数となり、値は直線の傾きに一致します。一般に、$f(x) = x^n$の導関数$f'(x)$は、$f'(x) = nx^{n-1}$となります。

$f(x) = x^3 - 3x + 5$の導関数、$f'(x) = 3x^2 - 3$は、次ページのグラフに描かれ

ています。$f(x)$は黒線、$f'(x)$は薄い線で記載しています。$f'(x)$はxにおける接線の傾きを表しますが、その符号に注目すると、$f'(x)$が正の値のとき(x＜−1, 1＜x)は$f(x)$が増加し、$f'(x)$が負の値のとき(−1＜x＜1)は$f(x)$が減少していることがわかります。また$f'(x)=0$のときは、増加から減少、減少から増加に転じています。このような点を**極大点**、**極小点**と呼びます。必ずしも微分が0だからといって、極大、または極小であるとは限りません。

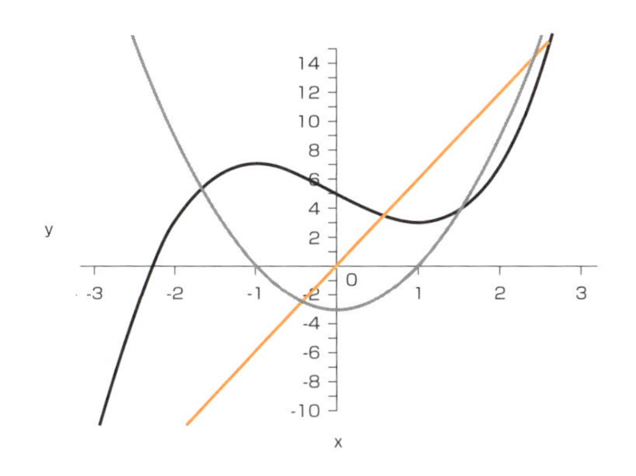

$f'(x)=0$のとき、極大点か極小点かを判断するには、$f'(x)$の導関数$f''(x)$の符号を確認します。このような、導関数の導関数のことを**2階の導関数**と呼びます。$f''(x)=6x$は、グラフに色の付いた線で記載しています。

$f'(x)=0$	かつ	$f''(x)<0$	→	極大点
$f'(x)=0$	かつ	$f''(x)>0$	→	極小点
$f'(x)=0$	かつ	$f''(x)=0$	→	より高次の導関数を調査し特定 ($f(x)=x^4$は、$x=0$で極小となります。)

● スキルを高めるための学習ポイント

- 導関数と極大・極小の関係について理解しましょう。
- 簡単な関数については、導関数が算出できるようにしましょう。

DS23　2変数以上の関数における偏微分の計算方法を理解している

ここまでは変数が1つの関数$f(x)$を扱いました。しかし、ビジネスにおいて扱われるデータは多岐にわたり、複数の種類のデータが複雑に関係し合っていることが大半です。

例えば次のような、2つの変数をとる関数$f(x,y)$があったとします。

$$f(x,y) = x^2 + 2xy + 2y^2$$

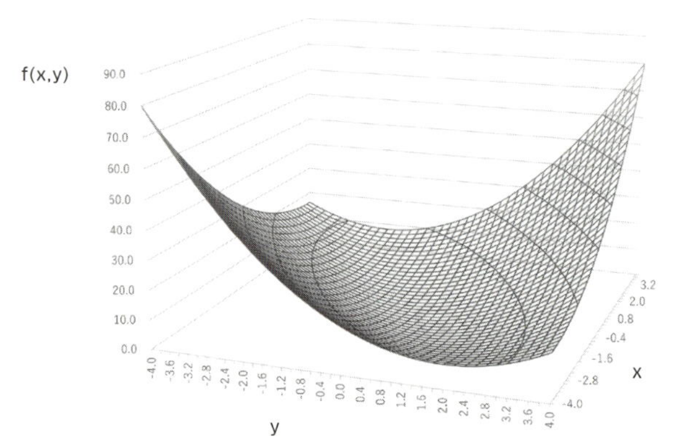

f(x,y)=x²+2xy+2y²の鳥瞰図

このとき、xが変化すれば、この関数の値はどのように変化するでしょうか。例えば、$y=1$としたとき、$f(x,1) = x^2 + 2x + 2$というxの2次関数になります。またy=2としたときは$f(x,2) = x^2 + 4x + 8$が得られます。yの値によって、xを用いた関数が異なります。データ分析においては、xとyに相関がある場合、xを変化させるとyも変化してしまうことがあり、その結果fの値が複雑に変化します（DS7参照）。そのような場合でも、あえてyを定数とみなしてxのみの関数とし、問題を単純化して微分することを**偏微分**といいます。

そこで、f(x, y) をxで偏微分して得られる関数を**偏導関数**といい、

$$\frac{\partial f(x,y)}{\partial x} = 2x + 2y \quad \text{または} \quad f_x(x,y) = 2x + 2y$$

と表します。

同様に、$f(x,y)=x^2+2xy+2y^2$をyで偏微分することもできます。

$$\frac{\partial f(x,y)}{\partial y}=4y+2x \quad \text{または} \quad f_y(x,y)=4y+2x$$

また、偏導関数をさらに偏微分することを考えることもあります。
さらに、異なる変数で偏微分することもできます。

$$\frac{\partial}{\partial x}\left(\frac{\partial f(x,y)}{\partial x}\right)=\frac{\partial^2 f(x,y)}{\partial^2 x}=f_{xx}(x,y)=2$$

$$\frac{\partial}{\partial y}\left(\frac{\partial f(x,y)}{\partial y}\right)=\frac{\partial^2 f(x,y)}{\partial^2 y}=f_{yy}(x,y)=4$$

2変数関数の極大・極小を考える際に1階、2階の導関数が活躍しますが、ここでは説明を省略します。

$$\frac{\partial}{\partial y}\left(\frac{\partial f(x,y)}{\partial x}\right)=\frac{\partial^2 f(x,y)}{\partial y\partial x}=f_{xy}(x,y)=2$$

$$\frac{\partial}{\partial x}\left(\frac{\partial f(x,y)}{\partial y}\right)=\frac{\partial^2 f(x,y)}{\partial x\partial y}=f_{yx}(x,y)=2$$

● スキルを高めるための学習ポイント

- 偏微分とは何かを理解し、計算できるようになりましょう。

スキルカテゴリ 基礎数学　　サブカテゴリ 微分・積分基礎　　頻出

DS24　積分と面積の関係を理解し、確率密度関数を定積分することで確率が得られることを説明できる

積分には、微分の逆演算をして算出する不定積分と、面積や体積などを求める定積分があります。

関数$f(x)$において、$F'(x) = f(x)$を満たす関数$F(x)$を、$f(x)$の原始関数と呼びます。例えば、$f(x) = 3x^2 - 3$のとき、$F(x) = x^3 - 3x$は$f(x)$の原始関数の1つです。$f(x)$のことを被積分関数と呼びます。積分は微分の逆演算なので、次の式が成立します。これを微積分学の基本定理といいます。

$$\frac{d}{dx}F(x) = f(x)$$

この原始関数を用いると、ある区間の面積や体積を求めることができます。$f(x)$の原始関数を$F(x)$としたとき、区間aからbまでの定積分は次のように計算することができます。

$$\int_a^b f(x)dx = F(b) - F(a)$$

例えば、$f(x) = 3x^2$としたとき、原始関数として$F(x) = x^3$を用いると、この0から1までの区間の定積分は

$$\int_0^1 3x^2 dx = F(1) - F(0) = (1^3) - (0^3) = 1$$

と計算でき、次のグラフの色の付いた領域の面積を表します。

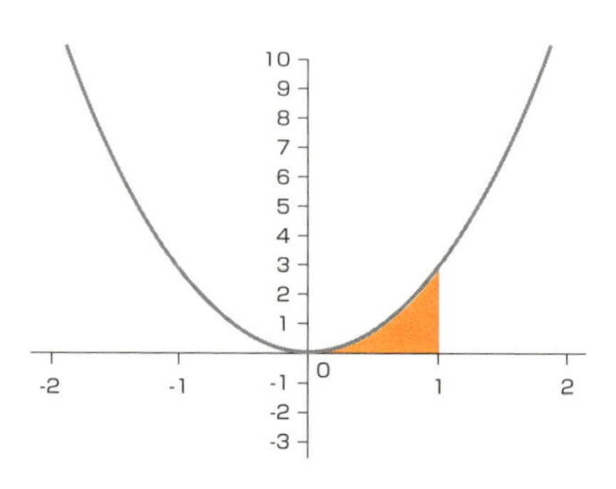

また、データサイエンスで多く出てくる関数に確率密度関数があります。確率密度関数は、長さや重さなどの連続する値に対する確率がどのような分布になっているか表現した関数です。

次のグラフは、ある花の大きさに関する確率密度関数です。x軸は大きさ、y軸は確率密度を表しています。この花の大きさが特定の値、例えばちょうど6である状態をグラフの確率密度関数で見ると0.35くらいの値をとっていますが、F(6)－F(6)＝0となることもあり、この場合は密度があっても確率は0ということを意味します。一方で、6～7の幅に入る確率は一定の値を持ちます。これを表現するために用いられるのが確率密度関数で、確率密度関数を6から7の区間で定積分すると、その確率を計算することができます。

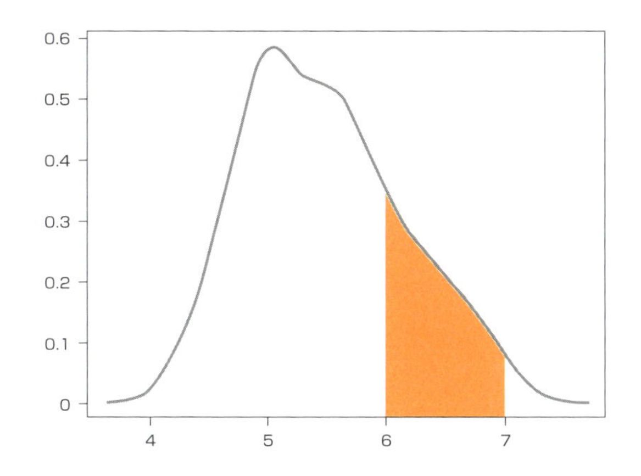

スキルを高めるための学習ポイント

- 積分と微分の関係を理解しましょう。
- 積分には不定積分、定積分の2種類があり、定積分により面積や体積を求めることができることを理解しましょう。
- 確率密度関数を使って確率を求めるために、積分が使われることを理解しましょう。

スキルカテゴリ 予測　サブカテゴリ 回帰/分類　頻出

DS25 単回帰分析について最小二乗法、回帰係数、標準誤差の説明ができる

回帰分析とは、1つの変数からモデルを直線で表現できると仮定して別の変数を予測する手法です。予測に用いる変数を**説明変数**(従属変数)、予測する変数を**目的変数**(独立変数)と呼び、説明変数が1つの場合を単回帰分析、説明変数が複数ある場合を重回帰分析といいます(DS26参照)。

例えば、身長から体重を予測する場合、身長が説明変数、体重が目的変数となり、y(体重)＝a×x(身長)＋bのデータの形で、説明変数と目的変数の関係性を表現します。

単回帰分析：y＝a×x＋b

このとき、目的変数を予測するには、実測値と予測した結果の誤差が小さくなることが望ましいでしょう。その誤差(の二乗和)を最小にするa, bを探す方法を**最小二乗法**と呼びます。また、そこで算出されたaを傾き、bを切片、そしてaとbを**回帰係数**と呼びます。

最小二乗法とは「誤差の二乗の和を最小にする」手法で、直線から各値の長さを1辺とした正方形の面積の総和が最小になるような直線を探します。

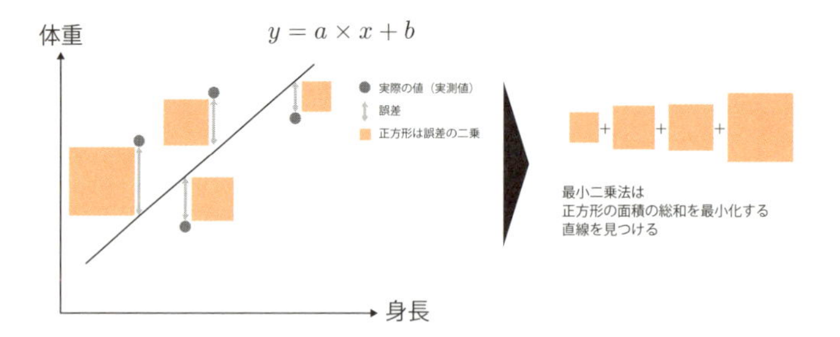

また、推定した回帰係数のばらつきを表す指標として標準誤差があり、説明変数の分散から計算することができます(DS82参照)。 回帰係数の妥当性をはかる際は、標準誤差や、p値などの統計量も確認するようにしましょう(DS50参照)。

スキルを高めるための学習ポイント

- 最小二乗法の計算式、回帰係数の求め方、標準誤差の計算方法を理解しておきましょう。
- モデルの誤差の評価、回帰係数の評価の違いを確認しておきましょう。

スキルカテゴリ 予測　　サブカテゴリ 回帰/分類　　頻出

DS26 重回帰分析において偏回帰係数と標準偏回帰係数、重相関係数について説明できる

DS25では、単回帰分析と呼ばれる、1つの説明変数からモデルを直線で表現できると仮定して目的変数を予測する手法を紹介しました。ここでは単回帰分析を拡張し、複数の説明変数から目的変数を予測する手法である**重回帰分析**を紹介します。例えば、身長と腹囲と胸囲から体重を予測する場合、身長、腹囲、胸囲が説明変数、体重が目的変数となり、y（体重）$= a_1x_1$（身長）$+ a_2x_2$（腹囲）$+ a_3x_3$（胸囲）$+ b_0$の形で説明変数と目的変数の関係性を表現します。

重回帰分析：$y = a_1x_1 + a_2x_2 + a_3x_3 + \cdots + b_0$

$a_1 \sim a_3$やb_0を**偏回帰係数**と呼びます。一般には、それぞれの説明変数の単位や大きさが統一されていないため、説明変数の目的変数に対する影響度を正しく測定することができません。目的変数と各説明変数を平均0、標準偏差1に標準化してから実行した重回帰分析から得られる回帰係数を**標準偏回帰係数**と呼びます。標準偏回帰係数を用いると、各説明変数の目的変数に対する影響度を直接比較できるようになります(DS88参照)。

目的変数の実測値と予測値の相関係数を**重相関係数**と呼び、0から1の値をとります(DS9参照)。重相関係数は1に近いほど相関が高く、予測精度が高いことを意味します。

最後に本スキルの範囲を超えますが、実務で使用する際は**多重共線性**(multicollinearity)に注意する必要があります。多重共線性とは、説明変数間で強い相関がある場合、相関の強い説明変数どうしがそれぞれ目的変数に同じように影響力を行使することで、標準偏回帰係数が正しく評価できなくなる現象です。なお多重共線性は、偏回帰係数の符号と散布図行列や相関行列を用いた手法や主成分分析などで発見することができます(DS21,125参照)。

参考：Albert「重回帰分析とは　データ分析基礎知識」
(https://www.albert2005.co.jp/knowledge/statistics_analysis/multivariate_analysis/multiple_regression)

● スキルを高めるための学習ポイント

- 偏回帰係数、標準偏回帰係数の違いを理解しておきましょう。
- 重相関係数の計算式と意味（値の取りうる範囲と解釈）を確認しておきましょう。

スキルカテゴリ 予測　　サブカテゴリ 評価　　頻出

DS37 ROC曲線、AUC (Area under the curve)、を用いてモデルの精度を評価できる

2値分類問題の評価について考えます。分類問題とは、入力データを指定したグループに分ける問題で、機械学習でよく扱われます(DS55,171参照)。その中でも2つのグループに分ける問題を、**2値分類問題**と呼びます。例えば、動物の写真から犬の写真のみを抽出したい場合、犬か犬以外かのいずれかのグループに分ける2値分類問題といえます。

2値分類問題では、グループ分けがどの程度成功しているかで評価します。これを、機械学習で構築したモデルの精度評価と呼びます。評価をするために、先ほどの犬と犬以外の2値分類問題で用語を定義します。まずグループのラベルとして、犬の場合を「正例」、犬以外の場合を「負例」とします。

次に、真陽性率(TPR)と偽陽性率(FPR)という二つの指標を使います。

TPR（True Positive Rate：真陽性率）＝TP ／ (TP＋FN)
　実績値が正例のうち、予測値も正例であった割合
　例）犬の写真を機械学習モデルが「犬」と予測した割合

FPR（False Positive Rate：偽陽性率）＝FP ／ (FP＋TN)
　実績値が負例のうち、予測値が正例であった割合
　例）犬以外の写真を機械学習モデルが「犬」と予測した割合

※TP,FP,FN,TN は、DS38 を参照

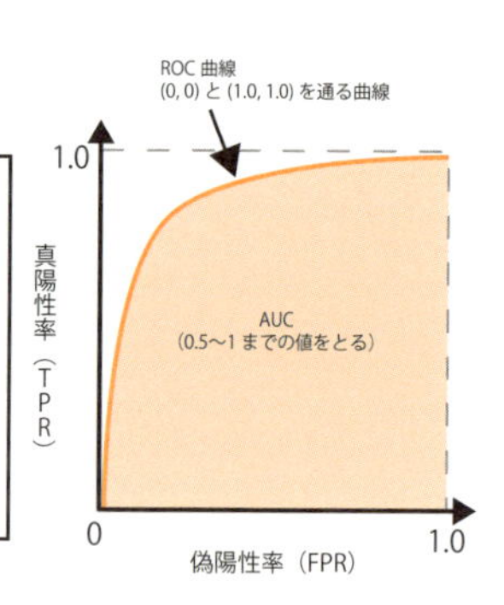

2値分類問題では、ROC (Receiver Operating Characteristic)曲線やAUC (Area Under the Curve)でモデルの精度評価を行います。ROC曲線は、モデルが予測値を正例と判別する閾値を1から0に細かく変化させたとき、各閾値での偽陽性率(FPR)と真陽性率(TPR)をx軸とy軸にプロットして描きます。このROC曲線の下側の面積がROC曲線のAUC (Area Under the Curve)です。なお、モデルの精度が100%の場合、ROC曲線は図の(0,1)を通り、AUCは1.0になります。

スキルを高めるための学習ポイント

- ROC曲線とAUCの違いを理解しましょう。
- AUCの性質を具体例で確認しておきましょう。

DS38 混同行列（正誤分布のクロス表）、Accuracy、Precision、Recall、F値といった評価尺度を理解し、精度を評価できる

2値分類問題の評価について、ここでは各レコードが正例か負例であるかを予測する場合の評価方法について解説します。

まず、混同行列（正誤分布のクロス表）があります。実測値と予測値の組み合わせは以下の4つのパターンに分けられます。

- TP（True Positive、真陽性）：予測値を正例として、その予測が正しい場合
- TN（True Negative、真陰性）：予測値を負例として、その予測が正しい場合
- FP（False Positive、偽陽性）：予測値を正例として、その予測が誤りの場合
- FN（False Negative、偽陰性）：予測値を負例として、その予測が誤りの場合

以下のように混同行列のイメージで覚えるとよいでしょう。この混同行列を使用してさまざまな評価指標を計算することができます。

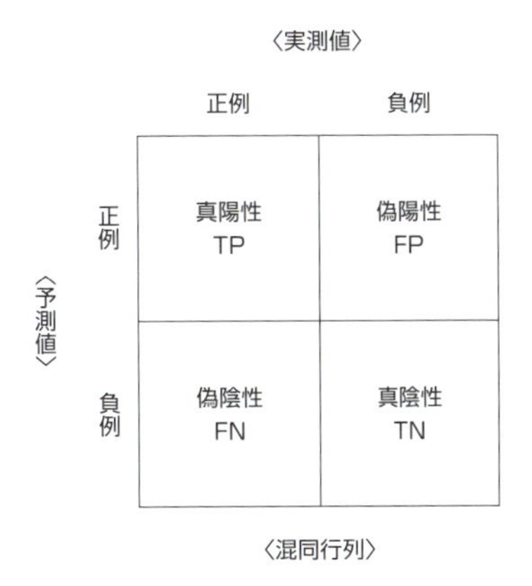

$$Accuracy = \frac{TP + TN}{TP + TN + FP + FN}$$

$$Precision = \frac{TP}{TP + FP}$$

$$Recall = \frac{TP}{TP + FN}$$

$$F値 = \frac{2 \cdot Recall \cdot Precision}{Recall + Precision}$$

混同行列と各指標

一番簡単なのは、Accuracy（正解率）で、正解のレコード数をすべてのレコード数で割ることで求められます。しかし、正例と不例が不均衡なデータの場合は、モデルの性能を評価しづらい側面があります。

他には、Precision（適合率）とRecall（再現率）、F値などがあります。Precisionは、正例と予測したレコードのうち実測値が正例の割合を指し、これを正例のPrecisionといいます。負例のPrecisionは、負例と予測したレコードのうち実測値が負例の割合を指しますので、正例と不例でそれぞれPrecisionが計算できることに注意しましょう。

Recallは実測値が正例のレコードのうち正例と予測された割合を指し、これを正例のRecallといいます（同様に負例のRecallもあります）。PrecisionとRecallはトレードオフの関係があり、両方を同時に最大化することは困難です。誤検知を少なくしたい場合はPrecisionを重視し、見逃しを少なくしたい場合はRecallを重視します。

また、両方のバランスを重視したい場合は、PrecisionとRecallの調和平均であるF値を使用することがあります。

評価指標のそれぞれの特徴を理解して、ビジネスの特性に合わせた評価指標を選定するようにしましょう。

スキルを高めるための学習ポイント

- 混同行列、Accuracy、Precision、Recall、F値の違いを理解しましょう。
- TP、TN、FP、FNの用語と意味、違いを覚えておきましょう。
- PrecisionとRecallがトレードオフの関係にあることを具体例で確認しておきましょう。

DS39 MSE(Mean Square Error)、MAE(Mean Absolute Error)といった評価尺度を理解し、精度を評価できる

ここでは、回帰分析の評価について考えてみましょう。単回帰分析、重回帰分析において、最小二乗法を用いて実測値と予測値の残差の二乗和を最小化すると解説しました(DS25,26参照)。ただし、回帰モデルの評価において、必ずしもパラメータを定めるための関数である目的関数と評価指標を一致させなくてもかまいません。評価指標はビジネスの特性に合わせて、柔軟に変更することも可能です。

回帰モデルの評価指標としては、MSE(Mean Squared Error：平均二乗誤差)やMAE(Mean Absolute Error：平均絶対誤差)などがあります。MSEは誤差の二乗平均なので、予測を大きく外すとMSEの値が大きくなります。したがって大きく外すことが許容できない問題設定に有用です。事前に外れ値を除いておかないと外れ値に大きく影響を受けたモデルができる可能性があるため、外れ値の除去は必要になります(DS89,174参照)。MSEにルートを付けたRMSE(Root Mean Square Error：平均平方二乗誤差)もよく利用されます。

一方、MAEは誤差の2乗ではなく絶対値の平均なので、外れ値の影響を受けにくい性質があります。さまざまな評価指標の違いを理解し、ビジネスの特性に合わせた評価指標を選択できるようにしましょう。

$$MSE = \frac{1}{N}\sum_{i=1}^{N}(y_i - \widehat{y_i})^2$$

$$MAE = \frac{1}{N}\sum_{i=1}^{N}|y_i - \widehat{y_i}|$$

N ：レコード数

$i = 1, 2, \cdots, N$ ：各レコード番号

y_i ：i番目のレコードの実測値

$\widehat{y_i}$ ：i番目のレコードの予測値

MSEとMAE

また、MAPE(Mean Absolute Percentage Error)や、RMSLE(Root Mean Squared Logarithmic Error)などもよく使用されますので、確認しておきましょう。

● スキルを高めるための学習ポイント

- 目的関数と評価指標の違いを理解しましょう。
- MSEやMAEなどの評価指標の、計算式や特徴の違いを理解しましょう。

スキルカテゴリ 予測　　サブカテゴリ 評価　　頻出

DS40 ｜ ホールドアウト法、交差検証(クロスバリデーション)法の仕組みを理解し、学習データ、パラメータチューニング用の検証データ、テストデータを作成できる

機械学習とは、コンピュータがデータから規則性や判断基準を見出し、その結果を用いて分類や予測を行う仕組みです(DS55,171参照)。コンピュータがデータから規則性や判断基準を見出すことを「学習」と呼び、学習によって得られる数式を「機械学習モデル」と呼びます。

コンピュータが受け取ったデータを、構築した機械学習モデルに入力すると何かしらの予測や判断が出力されます。この機械学習モデルを実際の業務に適用するには、モデルの出力結果がどの程度正解に近いかを示す「精度」を確認する必要があります。特に未知のデータに対する精度は重要であり、未知のデータにも高い精度で出力できる性質・能力のことを「汎化性能」といいます。

汎化性能を高める手法の一つに、データを分割して学習データを生成する方法があり、代表的なものにホールドアウト法と交差検証法(クロスバリデーション)があります。

ホールドアウト法は、まずデータセットを2つまたは3つにランダム分割します。3つに分割する場合は、「学習データ：検証データ：テストデータ=7：2：1」等の比率で分割します。テストデータを別途用意する場合は、学習データと検証データにランダム分割します。生成した学習データで機械学習モデルを構築し、検証データで(モデルまたはビジネスの)評価指標が最大化するようにパラメータチューニングを行い、そして、テストデータを用いてモデルの汎化性能を確認します。

データセットに偏りがなく、ランダムに分割しても同じく偏りがでない場合はホールドアウト法でもよいですが、検証データやテストデータに偏りがあったり、データが少なすぎたりすると適切な評価が行えず、モデルの精度が向上しない問題が起きます(DS174参照)。

そこで、交差検証法では、あらかじめテストデータを除外したデータセットをランダムにk個のブロックに分割し、そのうち1個を検証データ、残りのk-1個を学習データとして精度を評価します。これをk回繰り返し平均化するのが、k-fold交差検証法です。テストデータ以外の全データが1度は検証データとして使用され、異なるデータで複数回(k回)検証を繰り返すことで、特定のデータのみに適合したモデルになることを防ぐことができます。

● スキルを高めるための学習ポイント

- ホールドアウト法と交差検証法の仕組みと違いを理解しましょう。
- 学習データ、検証データ、テストデータのそれぞれの意味と違いを理解しましょう。

スキルカテゴリ 予測　　サブカテゴリ 評価　　頻出

DS41 時間の経過とともに構造が変わっていくデータの場合は、学習データを過去のデータとし、テストデータを未来のデータとすることを理解している

時間の経過とともに発生する現象の変化を記録したデータを時系列データと呼びます。例えば、日々の株価の変動や気候の変化、IoTデバイスによって記録された身体の各種計測データなど、私達の身の回りには多くの時系列データが存在します。時系列データは、時間の経過に応じて記録内容に季節や曜日など周期性や長期的なトレンドが見受けられ、そのデータの構造自体も変化することが知られています。

このようなデータを使って機械学習のモデルを構築するとき、単純にデータをランダムに分割してホールドアウト法や交差検証法を行うと、検証データと同じ期間のデータでモデルを学習できてしまい、モデルの性能を過大評価することになります(DS40参照)。これは、時系列データが時間的に近いレコードほどデータの傾向も似ているという性質があるためです。

そこでこのようなデータを学習するときには、時系列データに対応したホールドアウト法、時系列データに対応した交差検証法の考え方が必要です。基本的な考え方としては、データを時系列に沿って分割した上で、「学習データは検証データより未来のデータを含めないようにする」ことです。

実務においては、あらかじめデータを可視化し、基本的なデータの構造や時系列の変化の特性を見極めた上で、学習データ・検証データ・テストデータの分割方法(時系列データの場合は期間)を定めるようにしましょう。

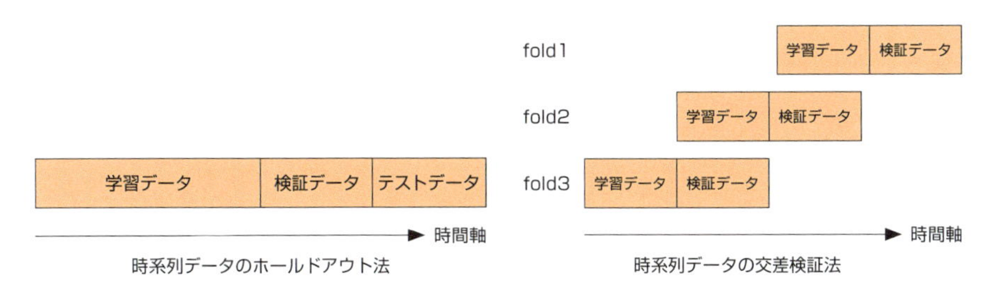

時系列データの分割方法(例)

スキルを高めるための学習ポイント

- 時間の経過とともにデータの構造が変わっていくデータ(時系列データ)の具体例を考えてみましょう。
- 時系列データに対応したホールドアウト法、時系列データに対応した交差検証法の考え方を確認しておきましょう。

DS48 点推定と区間推定の違いを説明できる

統計学には、記述統計学と推測統計学があります。

記述統計学とは、特定の集団におけるデータを、表やグラフ、平均・分散・相関係数などの統計量から読み解いて考察するものです(DS9参照)。

一方、**推測統計学**とは無作為に集めたデータから母集団の特徴や情報を推測する統計学であり、視聴率や選挙の当選確率は推測統計学を使って出されたものです。

推測統計学は、母集団のサイズが非常に大きくすべてを調査するには費用や手間がかかるような場合に、無作為に抽出した標本(サンプル)を手がかりに母集団全体を推測するために用いられます。推定には点推定と区間推定があります。点推定は、平均値などのたった1つの値で推定結果を示すことです。例えば、標本の平均値を母集団の平均値(母平均)とする推定方法です(DS5参照)。1つの値であるため、点推定だけでは推定の誤差がわかりません。

一方、区間推定は、平均値などをある区間でもって推定する方法です。例えば、標本からある区間(A,B)を計算し、母集団も区間(A,B)に入っていると考える推定方法です。母集団の値が区間に収まる確率を**信頼度**、または信頼水準や信頼係数と呼びます。一般的に、信頼度の値としては、90%、95%、99%がよく用いられます。

信頼区間は、信頼度に応じた推定結果の区間です。例えば、母平均の99%信頼区間は(A,B)、視聴率の95%信頼区間は(A,B)というように表現します。信頼度が同じ場合、信頼区間(AとBの幅)が広いということは、真の値が対する確信があまり持てないということを、逆に信頼区間が狭いということは、推定の精度が高いことを意味します。

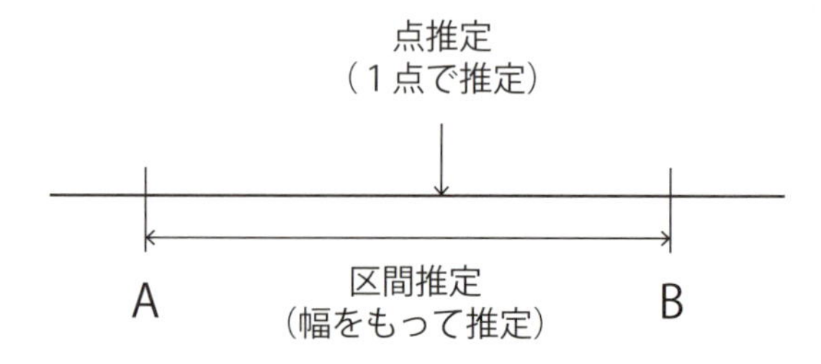

● スキルを高めるための学習ポイント

- 推測統計で使われる推定方法を挙げてみましょう。
- 2つの推定方法の例を挙げてみましょう。

DS49 帰無仮説と対立仮説の違いを説明できる

検定とは、母集団の特性についての予測(仮説)が正しいか否かを標本データから判断する方法です。もし母集団の全データを持っている場合、結果は明確なので検定をする必要はありません。あくまでも入手できている標本データから、自分が立てた仮説の是非を検証する方法が検定です。

検定は以下の手順で進め、仮説が正しいことを検証します。

①主張を否定する仮説を考える
②主張したい仮説を考える
③否定したい仮説が正しいとしたら、とても珍しいことが起きたことを示す

例えば、ある数字(例えば3)の出現頻度に違和感があるさいころがあるとします。

まず、否定したい仮説を考えてみましょう。さいころの3の目が出る確率は本当ならば1/6ですので、①の否定したい仮説は「さいころの3の目が出る確率は1/6である」となります。この否定したい仮説のことを帰無仮説と呼びます。次に②の主張したい仮説は「さいころの3の目が出る確率は1/6ではない」ということになります。この主張したい仮説のことを対立仮説といいます。検定ではその後、①の帰無仮説が正しいという仮定のもとで得られた標本データから、その仮定がどれだけ正当でないかを確認する作業③に入ります。もし、その仮定が成立することが極めて珍しいと示せたら、帰無仮説を棄却し対立仮説を採択します。統計の言葉を使って、あらためて手順をまとめると次のようになります。

①帰無仮説を立てる
②対立仮説を立てる
③帰無仮説を棄却する

スキルを高めるための学習ポイント

- 検定の手順・流れを理解しましょう。
- 帰無仮説、対立仮説とは何か理解しましょう。

スキルカテゴリ 検定/判断　サブカテゴリ 検定/判断　頻出

DS50 第1種の過誤、第2種の過誤、p値、有意水準の意味を説明できる

前の項目(DS49参照)で学んだ検定の手順のうち、ここでは「③帰無仮説を棄却する」という点を詳しく見ていきます。③は、次の手順にさらに細かく分解できます。

③-1 棄却する水準を決める
③-2 標本データを収集する
③-3 統計的仮説検定を行い、結果帰無仮説を棄却する(または棄却できなかった)

③-1の棄却する水準のことを**有意水準**といいます。有意とは、「その水準(確率)よりも小さいならば、偶然ではなく必然だという意味が有る」ということです。有意水準は慣例的に5%か1%が利用されます。

有意水準を超えていないか判断する指標がp値です。**p値**とは、帰無仮説が正しいという仮定の下で、標本データから計算した値よりも極端な統計値が観測される確率のことです。例えばp値が0.0482… (4.82…%)の場合、有意水準を5%とすると5%よりも小さいため、帰無仮説を棄却し対立仮説が採択されます。逆にp値が0.0621… (6.21…%)の場合、帰無仮説は棄却できないため、帰無仮説を受容します。

③-3統計的仮説検定は、あくまで確率的に判断するため、「過ち」を犯す危険があります。過ちは次の2種類に分類できます。

A. 帰無仮説が正しいにもかかわらず、それを棄却してしまう過ち
B. 帰無仮説が誤りにもかかわらず、それを棄却できない過ち

Aのことを**第1種の過誤**、Bのことを**第2種の過誤**と呼びます。特に第2種の過誤を犯す確率をβとすると、$1-\beta$のことを**検定力**と呼びます。検定力が低い状況で統計的仮説検定を行うことは、あまり適切ではなく、気をつけるようにしましょう。

スキルを高めるための学習ポイント

- 統計的仮説検定において、基準となる有意水準を正しく理解し、有意水準とp値を比較することで帰無仮説を棄却する/採択する流れをつかみましょう。
- 第1種の過誤と第2種の過誤について理解しておきましょう。

DS51 片側検定と両側検定の違いを説明できる

検定とは、「帰無仮説が棄却される」ことで確率論的に主張の妥当性を正当化する方法ですが、帰無仮説の立て方によって、片側検定と両側検定に分類することができます(DS49参照)。

コインを投げて表裏をあてるゲームを行ったとき、「表が出やすいのでは？」と感じたとします。友達にそのことを伝え、納得してもらうために統計的仮説検定を行うことを考えてみましょう。帰無仮説は、「表裏の出る確率は等しい」です。では対立仮説は何になるでしょうか。「表裏の出る確率は等しくない」とすることもできますし、「表が出やすい」とすることもできます。この2つには大きな違いがあります。

まず、「表裏の出る確率は等しくない」は、「表の出る確率≠0.5」ということになります。一方で、「表が出やすい」というのは、「表の出る確率＞0.5」になります。ここでは、10回中何回表が出たかを確認する実験を100回行ったとします。グラフのx軸は表が出た回数、y軸は該当する頻度を表し、対象となる棄却域(有意水準を超えた領域)を色で示しています。

対立仮説を「表裏の出る確率は等しくない」としたときの棄却域は「表の出る確率≠0.5」ですので、左の図のように両側にあることになります。このような場合を、**両側検定**と呼びます。一方、対立仮説を「表が出やすい」としたときの棄却域は「表の出る確率＞0.5」ですので、右の図のように片側だけになります。このような場合を、**片側検定**と呼びます。

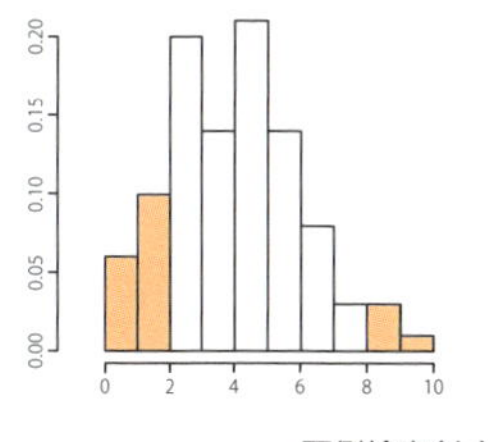

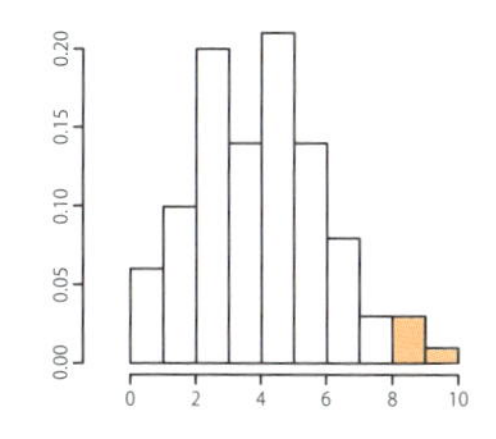

両側検定(左)と片側検定(右)

対立仮説の設定により検定結果は大きく変わります。設定した対立仮説を示すための統計的仮説検定が両側検定なのか、片側検定なのか見極める必要があります。

スキルを高めるための学習ポイント

- 片側検定と両側検定の違いを理解しましょう。
- 2種類の検定がそれぞれどのようなときに利用されるかを理解しましょう。

スキルカテゴリ 検定/判断　　サブカテゴリ 検定/判断　　頻出

DS52 検定する対象となるデータの対応の有無を考慮した上で適切な検定手法を選択し、適用できる

母集団の平均に差があるかといった、2つの母集団に関する検定を行う場合、標本集合どうしに対応があるデータか対応がないデータかによって検定の方法が変わってきます(DS5,49参照)。

例えばダイエットプログラムに参加する前の体重と、参加した後の体重の差を見て、プログラムの効果を説明する場合を考えます。2つの体重のデータは測定対象が同じ人で、測定する時間が異なるだけですので、「対応があるデータ」となります。

一方、ある小学校のA組の平均点とB組の平均点に差があることを説明する場合を考えます。A組とB組は異なる対象から抽出されたデータですので、「対応がないデータ」となります。

まず「対応があるデータ」における2標本の検定です。これは対応するデータどうしの差(2群の差)が0かどうかについての検定ですので、1標本の検定と同じです。帰無仮説は、「ダイエットプログラム前後の体重は等しい(前後の体重の差は0である)」となります。対立仮説は、「ダイエットプログラムによって体重に差があった(前後の体重の差は0ではない)」とした場合は、両側検定になります(DS51参照)。一方、対立仮説を「ダイエットプログラムによって体重が減った(前後の体重の差は0よりも大きい)」としたときは、片側検定になります。

2つの母集団の母平均の差の検定には**t検定**を用います。母集団は正規分布に従うと仮定し、検定統計量Tを求めます(DS10参照)。T値は次の式で求めることができます。

$$T=\frac{\bar{X}-\mu}{\sqrt{\frac{s^2}{n}}}$$

($\bar{X}$：標本平均、μ：母平均(ここでは0)、s^2：不偏分散、n：標本のサンプルサイズ)

Tは自由度n－1のt分布に従うため、5%水準で見たとき、T値が棄却域に入っているかで棄却できるかどうかを判断します。

次に「対応がないデータ」における2標本の検定です。帰無仮説は、「A組とB組の平均点は等しい」となり、対立仮説は、「A組とB組の平均点には差がある」となります。この場合もt検定を用いますが、検定統計量Tの算出方法は対応があるデータの場合とは異なります。

$$T=\frac{\bar{X}_A-\bar{X}_B}{\sqrt{s^2\times\left(\frac{1}{n_A}+\frac{1}{n_B}\right)}}$$

（$\bar{X}_A$, $\bar{X}_B$：A組/B組の標本平均、s^2：不偏分散、n_A,n_B：A組/B組のサンプルサイズ）

ここで算出したTは自由度n_a+n_b-2のt分布に従うため、5％水準で見たとき、T値が棄却域に入っているかで棄却できるかどうかを判断します。対立仮説は、「A組とB組の平均点には差がある」つまり「平均点の差≠0」ですので、両側検定で行います。

このように対応があるデータと対応がないデータでは、同じt検定を行うにも検定統計量Tの求め方が異なることがわかります。

ここまで説明してきたt検定は**スチューデントのt検定**と呼ばれ、2つの母集団の分散が等しいことを前提にしています。もし2つの母集団の分散が異なる場合は、**ウェルチのt検定**を使います。そのため、t検定の前に、2つの母集団の分散が等分散であるかを調べる**F検定**が行われます。F検定は実験などの分析で使われる分散分析で使われる重要な検定になります（DS83参照）。

2つの母集団に関する検定の違い

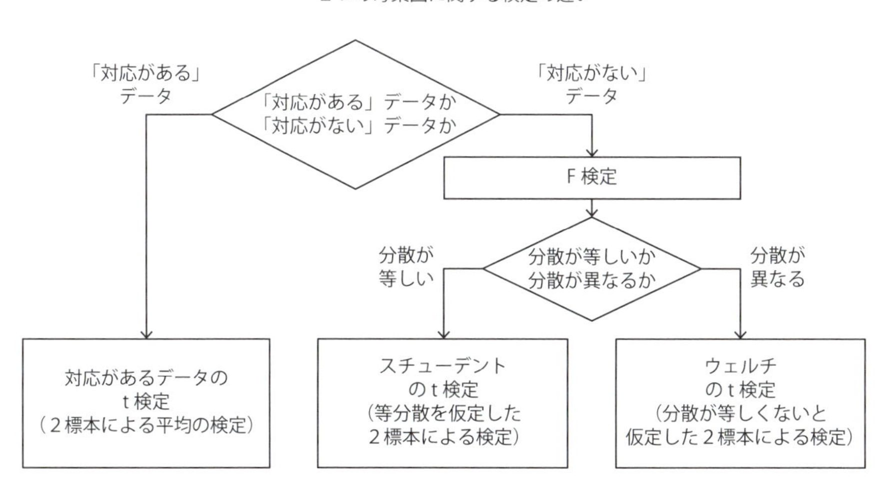

スキルを高めるための学習ポイント

- 対応があるデータと、対応がないデータの違いを理解しましょう。
- （スチューデントの）t検定、ウェルチのt検定、F検定でできることと前提条件を理解しましょう。

スキルカテゴリ グルーピング　サブカテゴリ グルーピング　頻出

DS55 教師あり学習の分類(判別)モデルと教師なし学習のグループ化(クラスタリング)の違いを説明できる

機械学習とは、「データから規則性や判断基準を学習し、それに基づき未知のものを予測、判断する技術」のことです。人工知能に関する分析技術の1つで、人により多少の解釈の違いがあります。データ分析と同義で使われることもあります。機械学習は教師あり学習と教師なし学習、強化学習に分類されます。ここで言う教師というのは、入力・出力値を含んだ学習データ(training data)のことです(DS40参照)。

教師あり学習は、出力に関するデータである教師データを既知の情報として学習に利用し、未知の情報に対応できるモデルを構築することです。例えば、ある画像が猫か鳥かを判断するために、画像に「猫」「鳥」とラベルを付けてコンピュータに学習をさせます。コンピュータは学習に基づき、新しく入力された画像が「猫」か「鳥」かを分類します。教師あり学習の分類(判別)手法には、ロジスティック回帰、サポートベクターマシン、決定木(分類)などがあります。

次に教師なし学習です。教師あり学習とは違い、教師がない、つまり正解に相当する出力値がないため教師なし学習と呼ばれています。教師なし学習は主にデータのグループ分けや情報の要約に活用されます。データのグループ分けはクラスタリング、情報の要約は次元削減または次元圧縮と呼ばれています。クラスタリングの代表的な手法としては、k-means法(k平均法)があげられます。(DS21,56,175参照)

強化学習は学習データに正解はありませんが、目的として設定した報酬(スコア)を最大化するよう行動を学習していく手法です。強化学習を適用した事例として、将棋、囲碁、ロボットの歩行訓練などがあります。

分類	入力データ	出力に関するデータ(教師データ)	主な活用事例
教師あり学習	○与えられる	○与えられる	画像分類・受注判別
教師なし学習	○与えられる	×与えられない	入力に関するグループ分け、情報の要約
強化学習	○与えられる	△正しい答えは与えられないが、都度評価として与えられる	将棋、囲碁、ロボットの歩行訓練

機械学習の種類

スキルを高めるための学習ポイント

- 機械学習とは何かを理解しましょう。
- 機械学習の分類に何があり、それぞれの分類にはどのような特徴があるか、具体的な例と分析手法を説明できるようにしましょう。

DS56 階層クラスター分析と非階層クラスター分析の違いを説明できる

クラスターとは、ある特徴が似ている群れや集団を指す言葉です。前の項目(D55)でも出てきましたが、グループに分けることをクラスタリングといいます。このクラスターを作る方法、つまり似たものどうしをまとめる手法がクラスター分析です。クラスター分析は、事前に分類の基準が決まっておらず、分類のための情報も明示的には与えられていないので、教師なし学習の分類方法です。分類方法には、階層クラスター分析と非階層クラスター分析という2つの方法があります。

まず、階層クラスター分析です。階層化するというのは、似ているものどうしを順番に纏めていく方法です。クラスター分析ではデータが持つ特性の差を距離で表し、距離が小さいものを似ていると判断しています。次の左の図は、A ~ Eの距離を表した図です。そして、距離が小さいものから順にトーナメント表のようにまとめていくと、以下の右の図のようなデンドログラム(樹形図)と呼ばれる図を作ることができます。

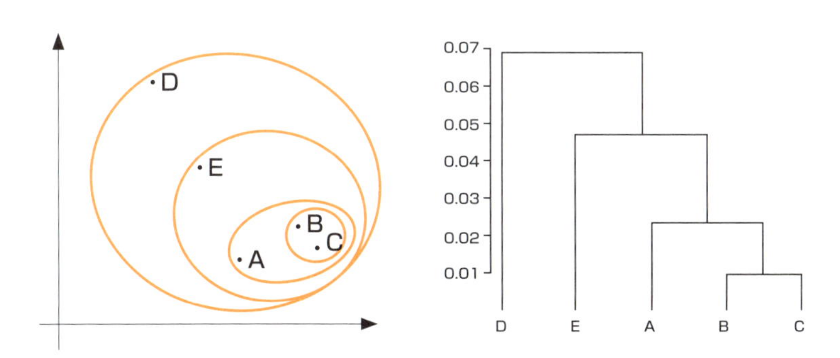

階層クラスターとデンドログラムのイメージ

デンドログラムの高さは距離を表しています。2つのデータ間の距離の測定方法には、ユークリッド距離、マンハッタン距離、マハラノビス距離など代表的なものでも複数あります。また、クラスター間の距離の測定方法にも、ウォード法、群平均法、最短距離法、重心法、メディアン法などいくつかあります。それぞれの特性を知ったうえで最適な距離の測定方法を選びクラスタリングを行うことが重要です。

階層クラスター分析のメリットは説明のしやすさです。樹形図などで具体的に分類の方法を説明することができ、相手の理解を得やすいです。一方デメリットは、分類の対象が非常に多い場合、計算量が多くなり時間がかかることです。

次に非階層クラスター分析です。文字の通り階層構造を作らないで分類する分析方法です。非階層クラスター分析の特徴は、あらかじめクラスターの数を指定しておく点です。指定されたクラスターの数にデータを分けていくため、すべてのデータどうしの距離を測定する階層クラスター分析よりも計算量が少なく、短時間で結果を出すことができます。次の図は非階層クラスターの結果イメージです。決められた分け方の方法によって、データを3つに分けています。

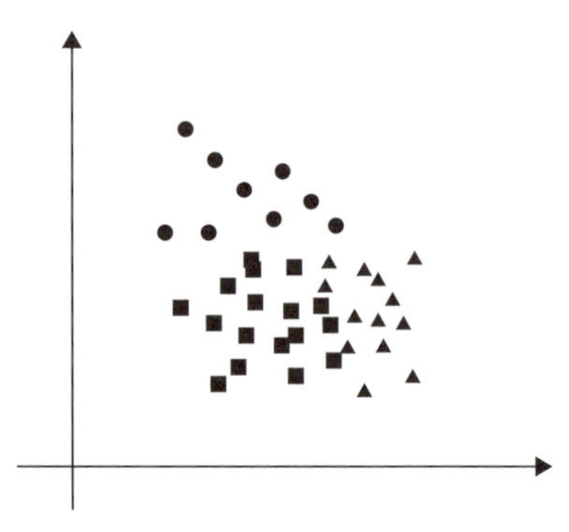

非階層クラスターのイメージ

非階層クラスター分析で最も使われるのはk-means法です。指定されたクラスター数に分類されたデータの重心を求め、クラスタリングをし直す手続きを繰り返すことで、設定された状況において意味のあるグループ分けを見つけ出します。非階層クラスター分析のメリットは、大量のデータを短時間でグループ分けできることです。デメリットはあらかじめクラスターの数を指定しなければならない点と、一番最初にランダムに設定される重心(初期値)によって構成されるクラスターの違いが生じること(初期値依存性)がある点です。これらのデメリットを回避するために、非階層クラスター分析の場合はクラスター数や初期値を変えて何回か分析するのが一般的です。

スキルを高めるための学習ポイント

- 階層クラスター分析と非階層クラスター分析の違いを理解しましょう。
- 階層クラスター分析の2つのデータ間の距離測定方法、クラスター間の距離測定方法をいくつか挙げることができるようにしましょう。
- 階層クラスター分析と非階層クラスター分析をそれぞれ実践してみましょう。

DS57 階層クラスター分析において、デンドログラムの見方を理解し、適切に解釈できる

階層クラスター分析はデンドログラム(樹形図)を出力することができます。このデンドログラムを見ながら適切なクラスター数を考えていきます(DS56参照)。

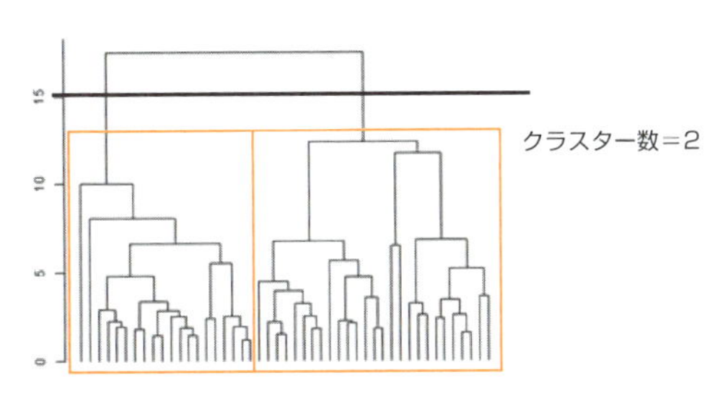

適切なクラスタリングの例

デンドログラムで上から最初に枝が分かれたところに線を引いてみます。するとその線で2つのグループに分けられます。各クラスター内のデータも一定数あり妥当です。このように上から順に線を引いて、いくつかのクラスター数に分けてみます。

次の図はクラスター数を6にしたときのグループ分けです。1ないし2データしか含まないクラスターが3つも存在し、意味のあるグループ分けとは言えません。この例においては、クラスター数は2または3が適切です。

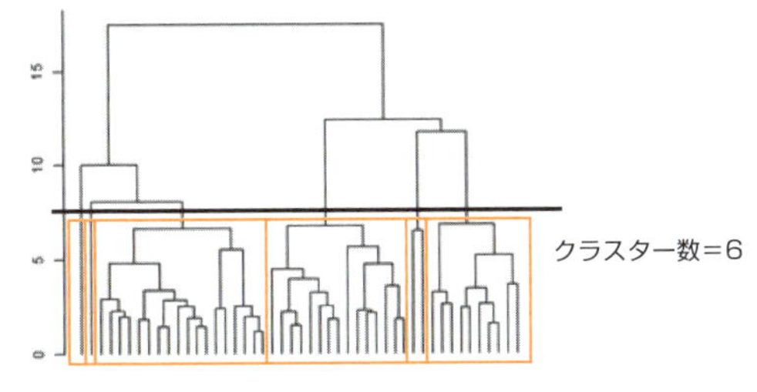

不適切なクラスタリングの例

デンドログラムは、指定した距離測定方法によって大きく変わるため、適切なクラスター数に分けるには、距離測定方法についても意識する必要があります。

スキルを高めるための学習ポイント

- 階層クラスター分析においてデンドログラムの見方をわかるようになりましょう。
- デンドログラムから適切なクラスター数を判断できるようにしましょう。

スキルカテゴリ 性質・関係性の把握　サブカテゴリ 性質・関係性の把握　頻出

DS67 適切なデータ区間設定でヒストグラムを作成し、データのバラつき方を把握できる

ヒストグラムとは、データがとる値を複数の区間に分割し、各区間にはいるデータの数を棒グラフで示したものです。データの分布状況を視認する方法です。

例えば、48人分の50点満点の成績スコアがあったとします。平均点は40.4点、中央値は40点、標準偏差は6.1点です(DS3,4参照)。しかし、これらの基本統計量だけを見ても細かい点が確認できません。また、48人分のデータを一つひとつ確認していては、全体の傾向がすぐには把握できません。そこでデータのばらつきを見るため、ヒストグラムを描きます。

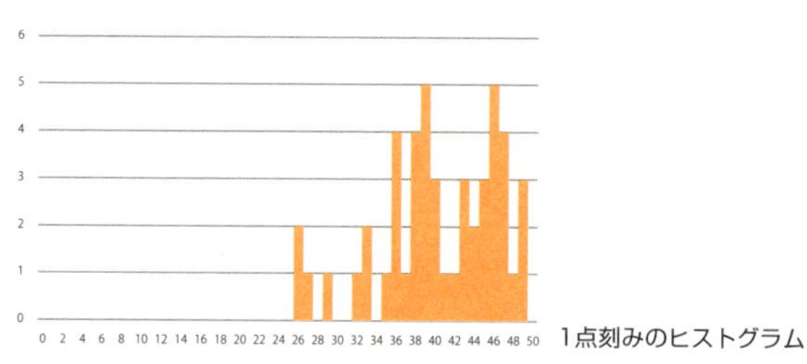

1点刻みのヒストグラム

このグラフの横軸は点数、縦軸は度数を表しています。グラフを見ると左半分にデータがないので、全員が半分以上の点数を取っていることがわかります。また、39点と46点に最も人数がいます。そこで次は、5点刻みのヒストグラムを描いてみます。

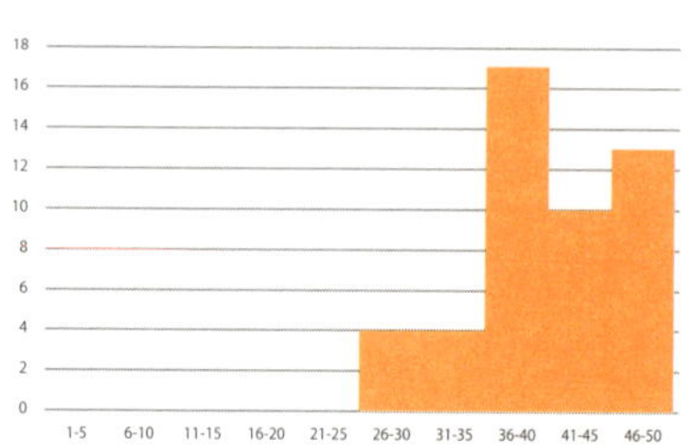

5点刻みのヒストグラム

すると、46～50点より36～40点の方がやや多いことがわかります。ヒストグラムは通常、各区間の幅が均等であるため、データのばらつきを確認するのに有効です。

スキルを高めるための学習ポイント

- ヒストグラムでできることと注意点を理解し、描けるようにしましょう。

スキルカテゴリ 性質・関係性の把握　サブカテゴリ 性質・関係性の把握　頻出

DS68 適切な軸設定でクロス集計表を作成し、属性間のデータの偏りを把握できる

2つの因子(属性)をもつデータをかけ合わせて度数を集計したものを、クロス集計表といいます。

例えば、次のような92人の塾の生徒のデータがあったとします。このデータには学校(エリア)・クラスとその人のスコア(20点満点)が入っています。このデータの学校(エリア)・クラスごとの人数、平均スコアをクロス集計表で表します。

学生ID	学校 A校=1,B校=2	学校内 クラス（組）	点数
A20002035	2	1	13
A20002036	1	1	9
A20002037	2	1	9
A20002038	1	1	12
A20002039	1	1	14
A20002040	2	1	14
A20002041	2	1	14
A20002042	2	1	11
A20002043	1	1	10
A20002044	1	1	13

人数	クラス			総計
	1組	2組	3組	
A校(1)	12	14	18	44
B校(2)	18	17	13	48
総計	30	31	31	92

平均点数	クラス			平均
	1組	2組	3組	
A校(1)	11.8	10.6	13.3	12.0
B校(2)	11.5	12.1	12.8	12.1
平均	11.6	11.5	13.1	12.0

クロス集計表

左のクロス集計表は人数です。A校では3組、B校では1組と2組に人数が偏っていることがわかります。また右の平均スコアのクロス集計表では、A校の2組が他よりもやや低いことがわかります。このように、2つの属性を持つデータは、クロス集計表を使うことで素早く傾向をつかむことができます。Excelではピボットテーブルを使えば、簡単にクロス集計表を作成することができます。

スキルを高めるための学習ポイント

- クロス集計表でできることを理解しましょう。
- 2つの属性を持つデータからクロス集計表を作ってみましょう。

スキルカテゴリ 性質・関係性の把握　サブカテゴリ 性質・関係性の把握　頻出

DS69 量的変数の散布図を描き、2変数の関係性を把握できる

2つの量的変数を持ついくつかのデータがあったとき、その関係性を一度に把握するために**散布図**を用います。例えば、以下に示す都道府県別の人口(2018年度)と面積のデータを利用して、各都道府県の状況を把握するために散布図を描いてみます。散布図の横軸は人口、縦軸は面積です。

都道府県名	人口	面積
北海道	5,286,000	83,456
青森県	1,263,000	9,607
岩手県	1,241,000	15,279
宮城県	2,316,000	7,286
秋田県	981,000	11,612
山形県	1,090,000	9,323
⋮	⋮	⋮

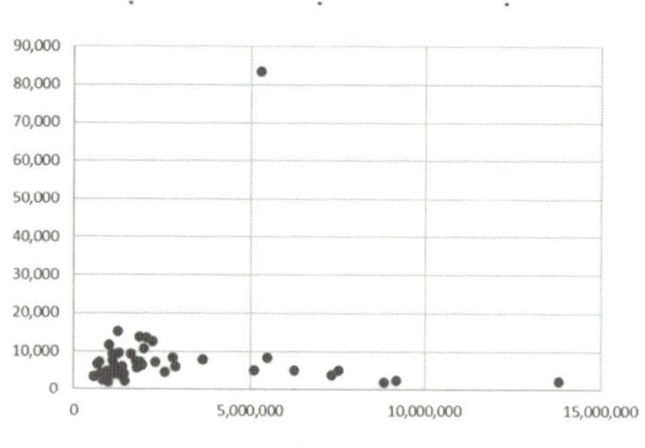

散布図

散布図を見ると、北海道は人口に対して面積が非常に大きいことがわかります。このような場合、北海道だけ外して再度散布図を書き直すことで、新たな特徴を見つけられる可能性もあります。

このように、散布図を使うことで都道府県ごとの人口と面積の関係性を一度に把握でき、特徴を見極めることができます。Excelでも簡単に散布図が作成できますので試してみましょう。

スキルを高めるための学習ポイント

- 2つの量的変数を持つデータの関係を把握する方法を理解しましょう。
- 実際にExcelを使って散布図を作成してみましょう。

DS82 標本誤差とは何かを説明できる

母集団から標本を無作為に抽出すると、取り出した標本によって母数と呼ばれる母集団を特徴づける値が異なってしまいます。この標本によって得られる推計値と母集団から得られる値との差を**標本誤差**といい、推計値の正確さを表す指標です。

しかし母集団から得られる値はほとんどが未知の情報であり、また得られる標本によって推計値が異なるため、標本誤差を算出することはできません。標本誤差は直接的に算定できませんが、標準誤差という統計量を用いることで確率的に評価することができます。すなわち標準誤差が、標本調査結果の信頼性を示す値となります。

具体例として、一般的にイメージしやすいアンケートについて考えてみましょう。あるテレビ番組が人気かどうかをアンケートで調査したとします。アンケート回数は、費用の関係で1回のみとなりました。この1回を標本数やサンプル数といい、その1回のアンケート調査でとれる被験者の数をサンプルサイズといいます。今回はサンプルサイズを500としましょう(DS110,153,177,DE85参照)。

この1回の調査で取得したサンプルサイズ500のアンケートで全体(母集団)を推定する場合、500のアンケートの集計・平均・分散が、本当に全体を推定する代表値として妥当かどうかを現時点では保証できません。そこで、確率的にどの程度全体に対して誤差が存在しうるかを算出したものが標準誤差であり、この標準誤差を可能な限り小さくできれば、全体に近づいてくるということがいえます。標準誤差σ_Xは、次の数式で求めることができます。なお数式内にある標準偏差は、DS4に記載があるので確認ください。

$$\sigma_X = \sqrt{\frac{\sigma^2}{n}}$$

(σ_X:標準誤差(標本平均の標準偏差)、σ:母集団の標準偏差、n:標本のサンプルサイズ)

具体例としてあげた500のアンケートを集計した結果をまとめるにしても、その結果が信頼に足るものかどうかを示すことの重要性と、標本誤差という指標について理解するようにしましょう。

なお最近は、標準誤差を求められるホームページや、標準誤差を設定することで標本のサンプルサイズを算出してくれるホームページもあります。実際に試してみて、標本のサンプルサイズと標準誤差の関係性を確認してみるといいでしょう。

スキルを高めるための学習ポイント

- 標本誤差とは、「標本によって得られる推計値の正確さを表すための指標」です。
- 標本のサンプルサイズが大きくなると標本誤差を測る標準誤差の値が小さくなり、信頼性が高くなることを覚えておきましょう。

DS83 実験計画法の概要を説明できる

実験計画法とは、1920年代に英国の統計学者R.A.フィッシャーが開発した統計手法の1つです。効率的にデータを取り、費用や時間をあまりかけずに解析し、「対象とした結果にどの要因が影響しているか」や「焦点を当てた要因をどのような水準に設定すれば、対象とした結果をどの程度よくできるか」といったことを検証する統計手法の総称で、品質管理や医療、マーケティングなど幅広い分野で活用されています。

実験計画法では、結果に影響を与える可能性のある因子(属性)と、その因子の条件(水準)を変化させて解析します。因子によるデータのばらつきと、実験誤差によるばらつきのどちらが大きいかを検定し、因子によるばらつきの方が大きければ母平均に差があるとする**分散分析**が基本的な方法です(DS52参照)。

分散分析には、**一元配置**(因子が1つ)と**多元配置**(因子が2つ以上)といわれる分析方法があります。取り上げた因子の数が増加して、全ての水準の組み合わせでの試行が難しい場合には、実験回数を削減するために**直交表**を活用します。

例えば、ネット広告のバナーについて考えてみると、背景色2パターン、キャッチコピー2パターン、メインビジュアル2パターンが候補です。これらの組み合わせは2の3乗で8通りありますが、すべてを広告として掲載して比較することは効率的ではありません。そこで直交表を用いて、どの要素も同じ回数掲載されるようにします。この場合はL4 (2^3)直交表を用いて、実験回数を4回に削減できます。

No	因子1	因子2	因子3
1	0	0	0
2	0	1	1
3	1	0	1
4	1	1	0
水準数	2	2	2

L4 (2^3)直交表

さまざまな種類の直交表がありますが、因子間の交互作用を意識しながら、極力実験回数が少なくなるように選びます。その他の実験計画法には、**最適計画**や**シミュレーション実験**などもあります。

スキルを高めるための学習ポイント

- 実験計画法の分散分析と直交表を用いた実験回数の削減方法を理解しておきましょう。
- 実験計画法がどのような分野で用いられるものかを把握しておきましょう。

DS87　名義尺度の変数をダミー変数に変換できる

実際に分析するデータには、量的変数(間隔尺度・比尺度)と質的変数(名義尺度・順序尺度)が混在しているケースが多くあります(DS8参照)。データとして質的変数の分類そのものが入力されている状態では、他の変数との関係性を把握したり、予測モデルの説明変数として扱ったりすることができません。

そこで、該当する／しないといった分類によって、値を0か1に変換します。この変換した変数を**ダミー変数**といいます。分類が2(これをカテゴリー数といいます)である場合には、一方を1、他方を0と設定します。例えば、値として「子ども・成人」が入っている変数では、子ども：0、成人：1と変換します。このように変換することにより、機械学習や統計のモデリング時に、変数として扱うことができるようになります。

なお、このような変換は重回帰分析では慎重に行う必要があります(DS26参照)。例えば、売上を目的変数とする重回帰分析を考えてみましょう。「店舗立地」は駅前店・郊外店・住宅街店の3つがあります。以下に示した右側の表のように、駅前店に該当する／しない、郊外店に該当する／しないで、それぞれ0と1が入力されています。重回帰分析で、名義尺度である「店舗立地」のようなデータを説明変数とする場合、「属性水準数－1」個のダミー変数で表現することになります。3つの水準(駅前店、郊外店、郊外店)に対して、「店舗立地：駅前店」と「店舗立地：郊外店」の2つで表現するのは、この考え方に基づいています。3つの水準の変数であれば、2つのダミー変数があれば必要十分であり、2つのダミー変数がともに0のときが「店舗立地：郊外店」に対応することになります。

売上（万円）	駅徒歩（分）	店舗面積（㎡）	店舗立地
2,971	6	47	駅前店
4,423	9	57	駅前店
4,166	12	120	駅前店
3,612	15	64	郊外店
2,342	9	109	郊外店
1,986	11	53	郊外店
1,024	13	47	住宅街店
3,036	10	46	住宅街店
1,819	3	47	住宅街店
2,788	12	43	住宅街店
2,853	11	105	住宅街店

売上（万円）	駅徒歩（分）	店舗面積（㎡）	店舗立地_駅前店	店舗立地_郊外店	店舗立地_住宅街店
2,971	6	47	1	0	0
4,423	9	57	1	0	0
4,166	12	120	1	0	0
3,612	15	64	0	1	0
2,342	9	109	0	1	0
1,986	11	53	0	1	0
1,024	13	47	0	0	1
3,036	10	46	0	0	1
1,819	3	47	0	0	1
2,788	12	43	0	0	1
2,853	11	105	0	0	1

住宅街店のデータは説明変数としては取り扱わない
(駅前と郊外が0なら住宅街は1に決まることから、駅前と郊外が0なら自動的に住宅街は1に決まるため)

● スキルを高めるための学習ポイント

- ダミー変数化するデータにはどのようなものが想定されるかを把握しましょう。
- ダミー化する際の注意点をチェックしておきましょう。

スキルカテゴリ データ加工　　サブカテゴリ データクレンジング　　頻出

DS88　標準化とは何かを知っていて、適切に標準化が行える

データの**標準化**とは、各データから平均値を引き、標準偏差で割ってデータを扱いやすくするデータ加工処理の方法です(DS26参照)。加工後のデータは、平均：0、分散(標準偏差)：1になります。

標準化の処理は、データの属性値によって変動する値の範囲が違っていて扱いづらい、属性どうしの比較がしにくいといった際に実行します。これは例えば、身長と体重のように単位の異なるデータを同時に扱う場合などです。解析の工程で異なる属性値を比較したり、重み付けして和をとるなどの操作があると、単位の小さなデータは値が小さく、大きなデータは値が大きいため、適切な比較ができません。そのため、標準化のデータ加工を行って尺度の統一を図ります。

標準化のようにデータを一定のルールに従って変形し、扱いやすくする加工処理は、**スケーリング**、**尺度の変更**などとも呼ばれ、標準化以外にも**正規化**が有名です。正規化は、データの最大値を1、最小値を0にする加工する処理で、最大値及び最小値が決まっている場合に有効な手法です。

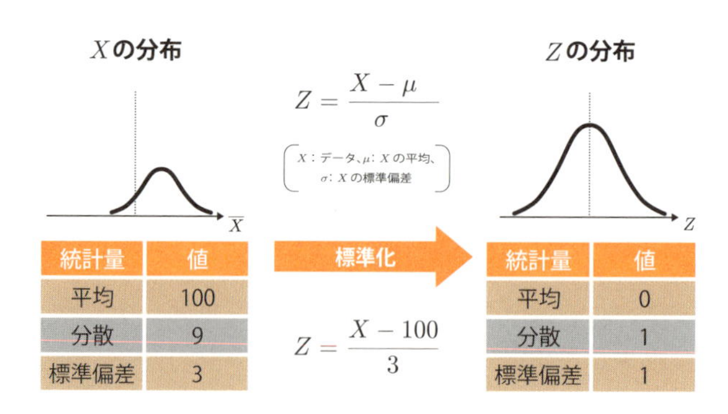

統計量	値
平均	100
分散	9
標準偏差	3

統計量	値
平均	0
分散	1
標準偏差	1

スキルを高めるための学習ポイント

- 標準化の加工方法を確認し、10行程度のデータを作って実際に計算をしてみましょう。
- 標準化と正規化の違いについて、実際にデータ加工を行い把握しておきましょう。
- どのようなときに標準化を実行するのか、いくつかのケースを知っておきましょう。

DS89 外れ値・異常値・欠損値とは何かそれぞれ知っていて、指示のもと適切に検出と除去・変換などの対応ができる

外れ値とは、文字通り「他のデータと比べて極端に離れた値」のことを指します。また、「外れ値の中で外れている理由が判明しているもの」を**異常値**と呼びます。このように、外れ値と異常値は異なる概念ですが、英語では両方ともoutlierといいます。

欠損値とは、分析に利用するデータにおいて「何らかの理由によりデータが記録されず、存在していない状態」のことです。欠測値、欠落値と呼ばれることもあり、英語ではmissing valueといいます。

外れ値の確認方法で、入門的で親しみやすい方法としては、標準偏差と平均を用いて、平均から±3σ（標準偏差の3倍）離れたものを確認する方法（±2σとする場合などもあります）、データのばらつきを表現した箱ひげ図と四分位数（四分位偏差）を用いた方法やクラスター分析を用いる方法などがあります（DS133,134参照）。

単変量で基本統計量を確認しているときには外れ値が認められない場合でも、二変量でデータどうしの関係性を確かめることで、初めて外れ値が把握できるケースもあります。このような場合は散布図から発見できることが多いです（DS69参照）。

分析者には「なぜそのようなデータが含まれているのか」を把握することが求められます。適切にデータ取得できなかったのか、適切に取得できていても記録された値が正しいのかなど、事象によって対処方法も異なります。データは何かが起こった結果であり、外れ値も異常値も「何かが起きた」という情報がデータに現れた結果と考えられます。

これは欠損値も同じです。「欠損が多く起きている」ということも有益な情報となります。システムにおけるバグやエラー、抽出やデータ化時の人的ミスなど「欠損が起きている状況」の把握は、新たな発見のきっかけとなることもあります。また欠損値については、欠損の多い変数やサンプルを除くか、補完することを検討する必要があります。「どのような情報が欠損しているのか」「欠損している情報は分析課題を解くために必要なのか」という視点が大切です。そして、補完で対処する場合は、代表値で補完する、類似データで補完する、欠損値を他の変数で予測して補完する（回帰分析の活用等）、などの方法があります（DS25参照）。

スキルを高めるための学習ポイント

- 異常値と外れ値、欠損値の違いとその代表的な対処法をよく把握しておきましょう。
- 対処法の判断には、データの取得背景が重要であることを理解しておきましょう。

スキルカテゴリ データ加工　　サブカテゴリ データ加工

DS93　分析要件や各変数の分布などをふまえて、必要に応じて量的変数のカテゴライズやビン化を設計・実行できる

データ分析によって仮説を検証する際や機械学習を実行してモデルを構築する際、データ(変数)をまとめたり合成したりする方が扱いやすくなるケースがあります。そこで量的変数を質的変数に変換することを**離散化**といいます(DS8,12参照)。

カテゴリに変換するには、基本統計量の算出やヒストグラムの描画によって、そのデータの分布を確認し、適切にカテゴライズする必要があります(DS67参照)。量的変数をカテゴリにしたものをビンと呼びます。ヒストグラムの描画時に用いるビンと同じ言葉です。

下の図は、数値で格納された量的変数である「年齢」を、「年代」というビンに変換したものです。この作業は、カテゴリ化、階級化、ビン化などと呼ばれます。

年齢	年代
20	20代
26	20代
26	20代
26	20代
28	20代
30	30代
38	30代
41	40代
41	40代
45	40代

ビン化の例

量的変数をビンにするには、指定した境界値(四分位数や分布から判断する境界)で分割する方法、含まれるデータ数が均一になるようにビン化する方法などが知られています。さらにはビンごとに、ビン内での代表値を持たせたデータ(特徴量)を抽出することもしばしば行われます。

スキルを高めるための学習ポイント

- 量的変数の離散化・ビン化をどのように実行するかを把握しましょう。
- ビン化に際しては、分布の確認やデータの持つ意味合いを考慮して行うことを理解しましょう。

スキルカテゴリ データ可視化　　サブカテゴリ 方向性定義

DS102　可視化における目的の広がりについて概略を説明できる(単に現場の作業支援する場合から、ビッグデータ中の要素間の関連性をダイナミックに表示する場合など)

データ化とは、何かしらの事象を伝達・解釈・処理しやすいように符号化することと言い換えることができます。そうすると「データを読む」とは、データ化とは逆方向に、データから事象を解釈することを意味します。データ可視化は、この「データから事象を解釈する」行為を助けるものです。

データ可視化は、その目的に応じて3種類に分けることができます。

1. 探索目的

「何が起こっているのか」現実を理解する、「何が原因なのか」仮説を立てることを目的とした可視化です。データ分析の初期で「問いを立てる」「仮説を立てる」際に利用します。

2. 検証目的

立てた仮説に対する検証や、実行した行動の成果評価を目的とした可視化です。PoC(Proof of Concept)での検証結果を評価する際や、ローンチ後のパフォーマンスモニタリングの際などに利用します。

3. 伝達目的

メッセージを伝えるための可視化です。例えば、分析請負者がクライアント向けの分析レポート、プレゼン資料を作成する際、営業管理において、営業員に対するBIツールでのビューを作成する際、BtoCでの渋滞情報の表示や駅のデジタルサイネージなどの表示を検討する際などに利用します(DE100参照)。

データ可視化は手段であり目的ではありませんので、「何が目的なのか」「その目的を達成するにはどんなデータ可視化が有効か」という順で考えましょう。

スキルを高めるための学習ポイント

- データ可視化における、探索・検証・伝達の3つの目的と、その例について押さえておきましょう。

スキルカテゴリ データ可視化　サブカテゴリ 軸だし　頻出

DS105 散布図などの軸だしにおいて、縦軸・横軸の候補を適切に洗い出せる

散布図やクロス集計の2軸のチャートでは縦軸と横軸の関連を可視化できます(DS68,69参照)。縦軸と横軸の取り方は、目的変数がある場合とない場合で異なりますが、いずれも目的をベースに考えることが大事です。

1. 目的変数がある場合

「何を目的とした可視化なのか」「その目的を表現する数値指標は何が適切か」の解が縦軸の候補になります。この場合、縦軸(y)を目的変数とし、「yと関連が高いと考えられる要因は何か」の仮説を横軸(x)の候補として考えます。

例えば、「電力消費量が何に強く関連するか把握する」ことを目的とした可視化を考えてみましょう。縦軸(y)の目的変数は電力消費量です。横軸(x)の候補は、気温、日射量、湿度などが挙げられます。さらに細かく見ると、平均気温、最高気温、最低気温のいずれが影響が大きいか比べることも考えられます。

2. 目的変数がない場合

2つの異なる評価軸でデータを分類したい場合が該当します。「何を目的とした可視化なのか」「その目的にふさわしい分類軸は何か」という仮説から、縦軸・横軸の候補を考えます。

例えば、「営業員によって営業活動の方法が違うことを確認する」ことを目的とした可視化を考えてみましょう。ここでは、顧客への訪問回数を横軸、訪問時の平均滞在時間を縦軸に取ってみます。そうすると、①訪問回数も平均滞在時間も多い営業員、②訪問回数は多いが1回の滞在時間は短い営業員、③訪問回数は少ないが1回の滞在時間は長い営業員、④両方少ない営業員と分類できます。

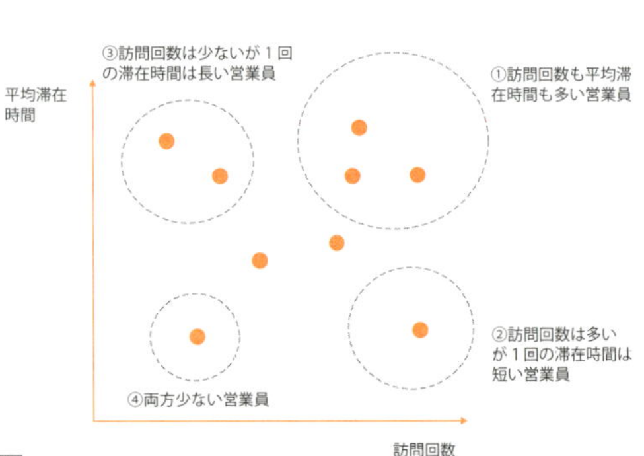

スキルを高めるための学習ポイント

- 軸の洗い出しでは、目的変数の有無で適切な軸が異なることを理解しましょう。
- 目的にふさわしい軸を洗い出すために、論理的思考力や仮説力を鍛えましょう。

DS106 積み上げ縦棒グラフでの属性の選択など、適切な層化（比較軸）の候補を出せる

データ可視化における**層化**とは、比較して可視化したい分類別に分けることをいいます。比較軸を用いて適切に層化できれば、比較対象の差を見比べることができるようになります。「どのような属性で分けると差がくっきり浮かび上がるか」「その属性での差を見ることで何がわかるのか」といった仮説が、層化する際の比較軸の候補になります。

層化の候補を考える際には、属性の種類（時間帯別、工程別、材料別など）と粒度（時間帯別のなかでも、月単位、日単位、時間単位など）の観点があります。

1. 種類の観点

例えば、「不良品の発生要因を探索する」ことを目的とした層化を考えてみましょう。この場合の層化の候補は、時間帯別、作業員別、工程別、機械別、材料別などが考えられます。このように、種類の観点は「特にどこに問題があるか」を絞り込む際などに重要です。

2. 粒度の観点

例えば、「商品別の売上を確認する」ことを目的とした層化を考えてみましょう。ここでは商品の分類として、洗濯機・冷蔵庫といった商品カテゴリ別、ドラム式・縦型といった商品タイプ別、最後に個別の品番別の3つの粒度があるとします。もし、個別の品番が全部で100種類あるとしたとき、品番別で可視化すると読み取りづらい可視化になってしまう恐れがあります。さらに、層化を用いた段階的な詳細化が有効です。例えば、最初に商品カテゴリ別（洗濯機・冷蔵庫など）で層化し、次に洗濯機についてさらに詳細化した商品タイプ別（ドラム式・縦型式など）で層化すると段階的に可視化でき、前述したような読み取りづらさを解消できます。

このように仮説を立てて層化し、データを可視化してみると、実際に思ったような差が見えないケースも存在します。そのような場合は、比較軸を変更しながら適切な層化を探し出していくことになります。なお、この作業はグラフを簡単に作れる可視化ツールなどを用いて行うことが一般的です（DS121,DE101参照）。

スキルを高めるための学習ポイント

- データ可視化における層化の候補である、種類や粒度の観点を覚えておきましょう。
- 層化の候補となる仮説を立てて、可視化ツールを使って検証していくプロセスを覚えておき、実践してみましょう。

スキルカテゴリ データ可視化　　サブカテゴリ データ加工

DS110 サンプリングやアンサンブル平均によって適量にデータ量を減らすことができる

データの概要を把握し、特徴をつかむためには、可視化して捉えることが不可欠です。しかし、データの全件あるいは膨大なデータをそのまま可視化しても、特徴を捉えられないケースもあります。そのような場合、データの持つ特性を保持したまま、その件数を減らして可視化することで、データが持つ顕著な特徴を把握できるようになります。

その方法として、層別に可視化する方法が挙げられます。層に分けることで、膨大なデータであっても特徴を捉え、比較がしやすくなります。それでも特徴が把握できないほどデータが膨大である場合は、データのサンプリングを検討します。サンプリングの方法には、ランダムサンプリングや層別サンプリングなどさまざまな方法がありますが、母集団の特性、分布を損なわないように注意する必要があります(DS153,177,DE85参照)。

次に**アンサンブル平均**です。平均には時間平均とアンサンブル平均があります。時間平均は、ある時間帯の変化を平均した代表値です。それに対してアンサンブル平均は、同一条件下におけるデータの集合平均です。例えば、近隣する20箇所の同一時間、同一条件下で測定した20個の気温データを平均し、その一帯の測定時における平均気温とするのがアンサンブル平均です。時間変化を伴うような空間データは、時間属性を平均化しないアンサンブル平均を用いて、データ量を減らした可視化によって、時間によるデータの特性が顕著になることがあります。

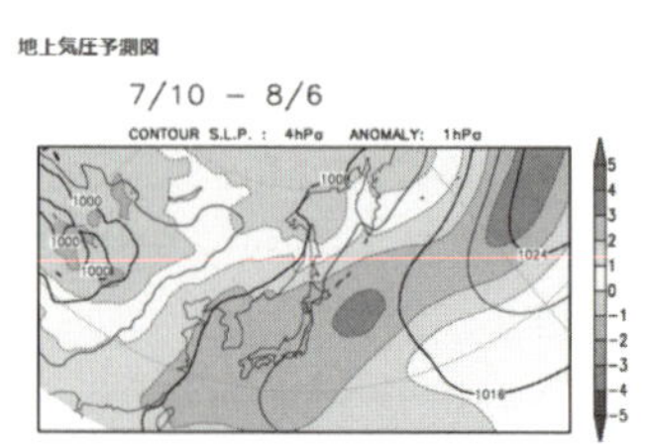

※ 等値線は、28日間平均地上気圧を示し、その間隔は4hPa。
※ 塗りつぶしは、28日間平均地上気圧平年偏差を示し、その間隔は右の凡例(単位hPa)に従っている。

アンサンブル平均の例

引用：気象庁「アンサンブル平均による予測図」(https://www.data.jma.go.jp/gmd/risk/probability/map_k1.html)

スキルを高めるための学習ポイント

- データ量の多いデータセットを用い、全件での可視化とデータを削減しての可視化を試してみましょう。
- 可視化のためのデータ削減にどのような方法があるか把握しておきましょう。

スキルカテゴリ データ可視化　**サブカテゴリ** 表現・実装技法　**頻出**

DS118　適切な情報濃度を判断できる(データインク比など)

データインク比は、「データインク比＝データインク/総インク」で表現されます。**データインク**とは、情報量を持つインクで、その要素がなくなるとチャートのメッセージが変わってしまう、失われてしまうインクのことです。現代においては、インクをピクセルと読み替えて考えていただいたほうがわかりやすいでしょう。

データインク比は、チャートジャンクと呼ばれるグラフの過剰なビジュアル表現を減らす基本方針として捉えておくとよいでしょう。なお、データインク比は、0～1の値を取り、1に近いほどよいチャートといえます。ただし、過剰に1にすることにこだわりすぎるとと、かえってうまくアピールできない可能性も出てくるので注意が必要です。

データ濃度は、「データ濃度＝画面上のデータポイントの数/データを表示するディスプレイの面積」で表現されます。画面の単位面積当たりの情報量を示し、値が高いほどよいグラフと見る指標です。ただし、データインク比と同様、過剰に高めることにこだわりすぎると、かえって何がメッセージが伝わりにくくなります。

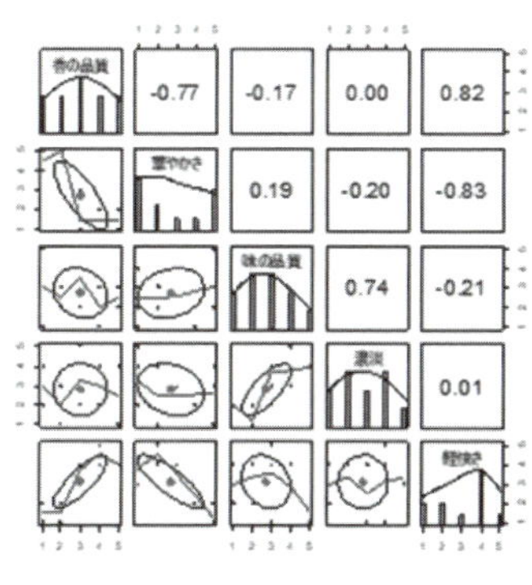

データ濃度が高い例

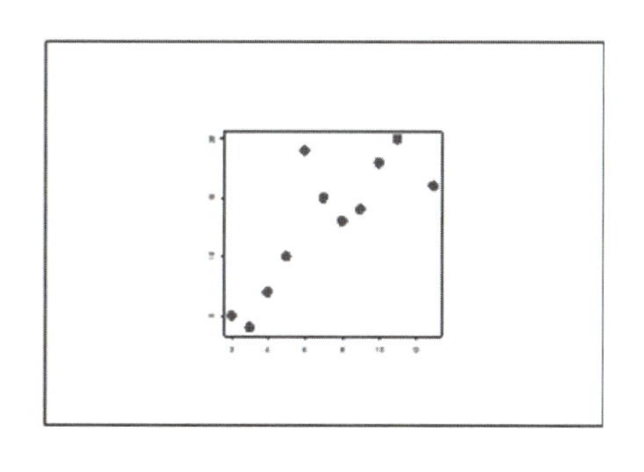

データ濃度が低い例

出典：Edward R. Tufte, The Visual Display of Quantitative Information, Graphics Press, 2001

スキルを高めるための学習ポイント

- 身近にあるチャートに対し、データインク比の視点で良いチャートか、改善の余地のあるチャートかを評価してみましょう。

スキルカテゴリ データ可視化　サブカテゴリ 表現・実装技法　頻出

DS119 不必要な誇張をしないための軸表現の基礎を理解できている（コラムチャートのY軸の基準点は「0」からを原則とし軸を切らないなど）

不必要な誇張とは、自らが言いたいことを正当化するために恣意的に行う表現や、むやみに過剰なデザインで注目を集めようとする表現を指します。先述したチャートジャンクもまさに不必要な誇張といえます(DS118参照)。不必要な誇張の代表的な事例は、以下のようなものが挙げられます。

- y軸が0から始まっていない、系列間の差を誇張した棒グラフ
- 軸だしが不適切で関係性がつかみにくい散布図
- 単位の異なる2つ以上のグラフを1つにまとめる際、まとめる縦軸（もしくは横軸）の目盛りがお互いに連動していないグラフ
- 不必要な3D化
- 時間間隔が不均一な時系列グラフ（以下のグラフを参照）
- 2つの円グラフでの絶対量の比較
- 絶対値が大きな意味を持つ際の割合グラフでの比較
- 増加を誤認させるための累積グラフ

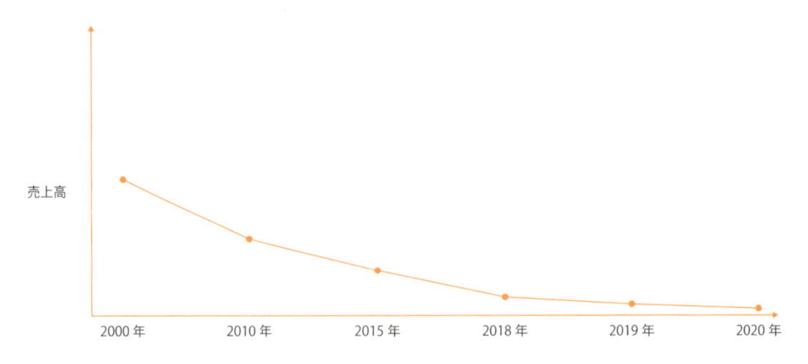

時間間隔が不均等な時系列グラフ
（本来減少幅は一定にもかかわらず、なだらかな変化のように見せている）

スキルを高めるための学習ポイント

- 不必要な誇張がされたグラフの例は多数ありますので、検索して探してみましょう。
- 普段からグラフに触れる際に、作成者が出すメッセージに対し「本当にそうだろうか？」という目で見る習慣をつけましょう。

DS120 強調表現がもたらす効果と、明らかに不適切な強調表現を理解している（計量データに対しては位置やサイズ表現が色表現よりも効果的など）

データ可視化での表現方法には位置、長さ、大きさ、色、形といったさまざまな種類があります。以下の表に主な用途を記載します。量的変数をそのまま表現する際には色表現を使うよりも、位置（座標・距離）やサイズなどの表現方法のほうが伝わりやすい、というように、表現したいことに合わせて表現方法を選択できるようになりましょう。

分類	例	量を表現する	順序を表現する	カテゴリを表現する	関係性を表現する
位置（座標・距離）		○	○	○	○
太さ		○	○		○
長さ		○	○		
大きさ		○	○		
濃淡		○	○		
角度		○	○		
色				○	
形				○	
ラベル	A B C	○	○	○	○

スキルを高めるための学習ポイント

- 具体的にどの強調表現が、何を表現する際に使われているか、多数の事例に触れてみましょう。

スキルカテゴリ データ可視化　**サブカテゴリ** 表現・実装技法　頻出

DS121 | 1～3次元の比較において目的(比較、構成、分布、変化など)に応じ、BIツール、スプレッドシートなどを用いて図表化できる

図表化できるチャートにはそれぞれ、受け入れ可能な定量属性数と定性属性数が決まっています。代表的なチャートの属性数を以下に挙げます(DS67,69,105,DE101参照)。

・ヒストグラム	定量：1	
・円グラフ	定量：1	定性：1
・棒グラフ	定量：1	定性：1
・折れ線グラフ	定量：1	定性：1
・散布図	定量：2	
・バブルチャート	定量：3	

さらに色分けやグラフを複数にすると、以下のように拡張できます。

・棒グラフ・折れ線グラフの色分け	定量：1	定性：n(≧2)
・散布図の色分け	定量：2	定性：n(≧2)
・散布図行列(DS125参照)	定量：n(≧3)	

また、もともと多次元に対応した以下のようなグラフやチャートも存在します。

- ・平行座標プロット(DS125参照)
- ・レーダーチャート(DS101参照)
- ・スロープグラフ

このように、グラフが持つ属性数と目的を照らし合わせて、BIツールやスプレッドシートなどを用いて意図を持って図表化するようにしましょう(DS100参照)。

参考：amu「ネットワーク時代のデータビジュアライゼーション　矢崎裕一」
(http://www.a-m-u.jp/report/201702_wiad2017_yazaki.html/)

スキルを高めるための学習ポイント

- 公開されているさまざまなチャートカタログを参照してみましょう。
- 目的と表現したい属性数から、どのチャートが最適かを選べるようにしましょう。

DS122 端的に図表の変化をアニメーションで可視化できる（人口動態のヒストグラムが経年変化する様子を表現するなど）

データは適切に可視化することにより、その特徴をより正確に把握することができます。さらに、その変化の示し方に時間や場所などに応じて変化する「動き」を加えて可視化することで、データを多次元的に、そして顕著に捉えることが可能になります。

下図は、日本における性別ごとの年齢分布を表したグラフで、1975年から、順に1990年、2010年とグラフ画像を並べています。このようにグラフを並べるだけでも、データが示す変化について把握することができますが、さらに1年ごとに描画して、「パラパラ漫画」のように時間の経過とともに動きを与えてみたらどうでしょう。動きがあることにより、よりその変化の過程が顕著に把握できます(DS67参照)。

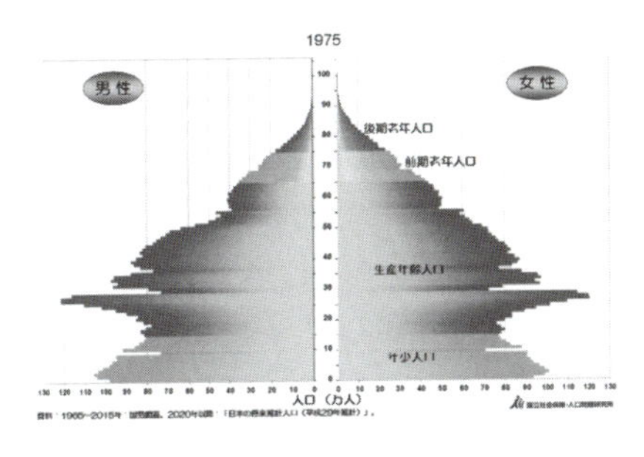

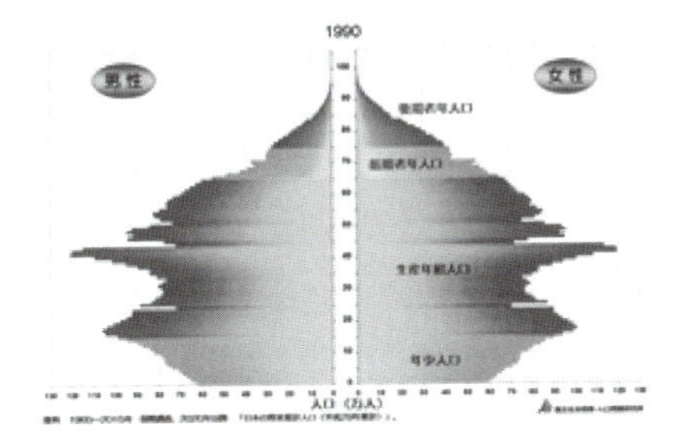

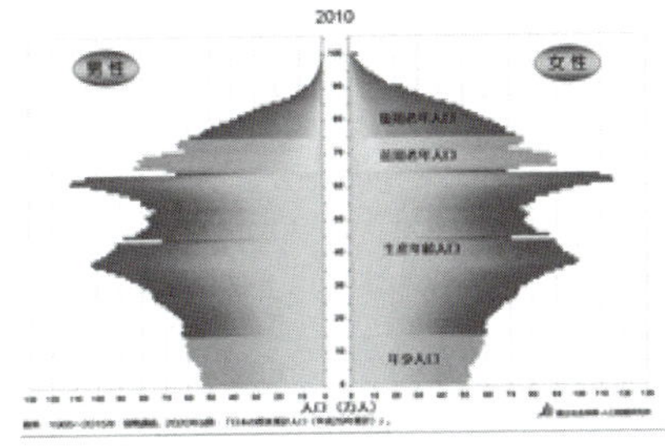

出典：国立社会保障・人口問題研究所「人口ピラミッドの推移」
(http://www.ipss.go.jp/site-ad/TopPageData/Pyramid_a.html)

経年による変化(時系列データ)や、地理情報・位置情報などは、このように動きを描画することで変化の特徴を把握できることが多くあります(DS210参照)。特に、属性変数が3つ以上の可視化ではアニメーションを用いた可視化は有効です。

スキルを高めるための学習ポイント

- 動きを付けた可視化が、データの特徴を捉えるうえで有効なことを理解しましょう。

スキルカテゴリ データ可視化　サブカテゴリ 表現・実装技法　頻出

DS123 データ解析部門以外の方に、データの意味を伝えるサインとしての可視化ができる

ビジネスにおけるデータ分析の結果は、分析担当者にとどめていても成果にはつながりにくく、広く利用者に伝える必要があります。その際、データを正しく伝えることは当然ですし、誇張は避けるべきですが、それらに加え、分析担当者以外の方にわかりやすく伝え、行動や成果創出につなげられるかが大事なポイントです(DS119参照)。

一般的にみるとデータ分析結果を正しく伝えるには、ここまで紹介したように数式や統計量、さまざまな指標が登場しますが、それが必ずしも多くの方に伝わる方法とは限りません。そこで、正しさを担保しつつ、いかにわかりやすく、そして行動につなげてもらえるように伝えるかもデータ可視化の重要な役目であり、「サイン」と表現しています。

そこで、サインの特徴を「わかりやすさ」と「行動につなげる」という2つの観点から解説していきます。

まず、「わかりやすさ」です。事例として、高速道路の渋滞を表示するディスプレイをイメージしてください。渋滞がどの場所から何km発生と表示されることが多いですが、これは多くの人に渋滞の規模を正しく伝えるための表示です。一方で、自動車を運転している個人にとっては、目的地までの時間が何時間かかるとカーナビがシミュレーションした結果を表示してくれた方がわかりやすいでしょう。このように、見ている相手が求めているものにあわせてデータを加工・表示する可視化が、「わかりやすさ」です。

次に、「行動につなげる」についてです。我々は信号を見て青だと進み、赤だと止まるというように行動を変えます。このような行動につながる可視化は、ビジネスや社会で大きな成果を生みます。例えば、あるヘアカット専門店は店頭に青・黄・赤の三色灯を設置し、待ち時間を色で表現します。これは、単に赤だと待ち時間が長いということを示しているだけでなく、「カット時間よりも長く待つことになるので、時間を改めて来店したほうがよいかもしれない」という行動変化を促すサインとも読み取れます。このように可視化は工夫次第で、「行動につなげる」ことが可能です。

いずれの可視化も、見る相手を意識して、どのように伝えるとよいかを工夫したものです。相手を意識するという点を心がけるようにしましょう。

スキルを高めるための学習ポイント

- 身近なデータ可視化の工夫を探してみましょう。
- 自分でデータ可視化をするならどのように表示するかを考えてみましょう。

DS124 ボロノイ図の概念と活用方法を説明できる

ボロノイ図(ボロノイ分割)は、例えば平面上に置かれた「母点」と呼ばれるいくつかの座標をもとに、どの母点に最も近いかによって平面上の座標空間を分割することで作成される図のことをいいます。

ユークリッド平面の場合、平面上に配置された点どうしを線で結び、作成された三角形の各辺の垂直二等分線をつなぎ、点どうしを結んだ線を消すと、ボロノイ図が描画できます。境界線のことをボロノイ境界、それぞれの面積をボロノイ領域と呼びます。また、隣接するボロノイ領域の母点同士をつなぐと、もう1つの図形を描画することができます。これをドロネー図と呼びます。

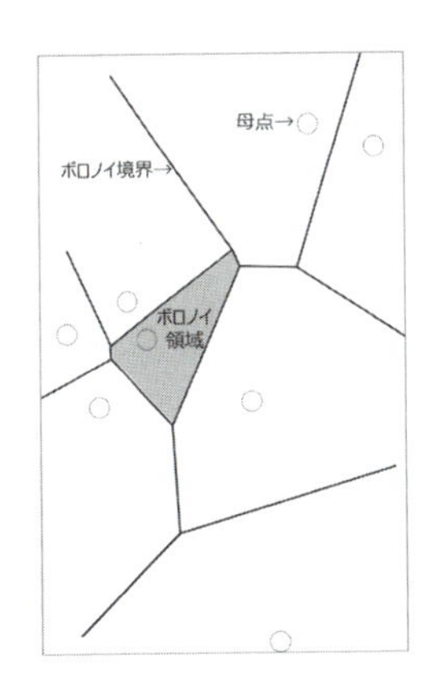

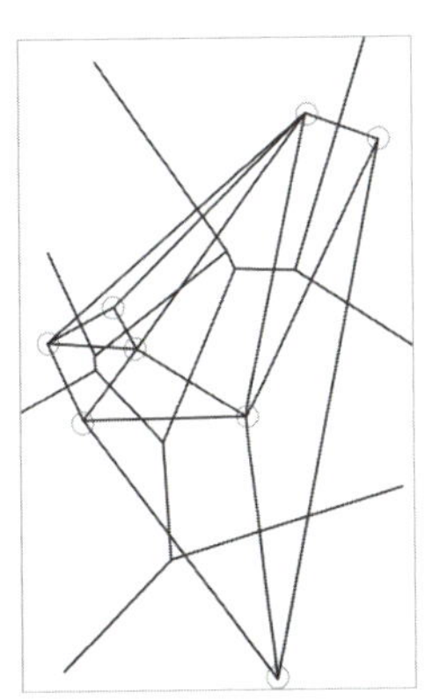

ボロノイ図(左)とドロネー図(右)

ボロノイ図はこのように母点からの距離を視覚的に面積で捉えることができますので、商圏の勢力図やエリアの分割、チェーン店の出店計画や避難ルートの探索などに利用されています。

また、難易度があがりますが、ボロノイ図に重み付けや制約をつけることで、より現実に近い解を導く手法として利用されている事例も出てきています。

スキルを高めるための学習ポイント

- ボロノイ図やドロネー図を描画する方法を理解しましょう。
- 実在する地理情報等のデータを用いて、ボロノイ図を描画してみましょう。

DS125　1～3次元の図表を拡張した多変量の比較を適切に可視化できる（平行座標、散布図行列、テーブルレンズ、ヒートマップなど）

データの可視化は、単変量・2変量で行うだけでなく、いくつものデータを多次元で捉えてみることで、その関係性をより正確に把握できるようになることがあります。

3次元の情報を2次元に付加する可視化の方法はいくつかあります。ここでは、「平行座標プロット」「散布図行列」「ヒートマップ」の例を紹介します。

1. 平行座標プロット

高次元のデータセットを視覚化する方法であり、n変量データの表示では、垂直な等間隔のn本の平行線で構成される背景が描画されます。折れ線グラフとよく似ていますが、折れ線グラフは横軸の順番に意味があるのに対し、平行座標プロットでは横軸に変数が並ぶだけで、通常は順番に意味はありません。

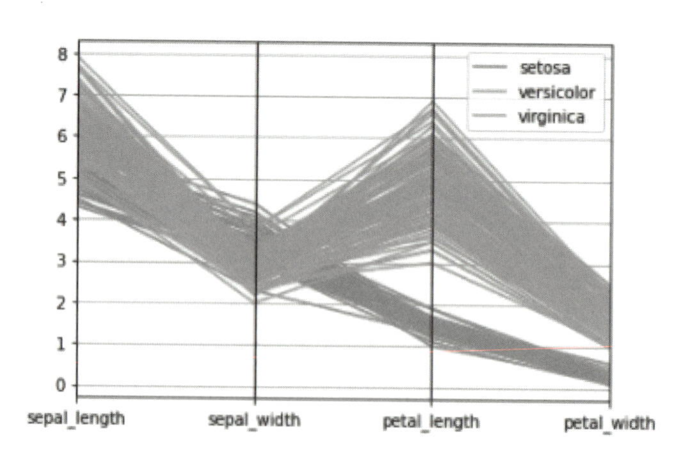

平行座標プロットの例

出典：https://www.python-graph-gallery.com/parallel-plot/

2. 散布図行列

複数の散布図をグリッド（行列）に整列して表示したものです（DS69参照）。これによって、分析を実行する際に、データセット内の複数の変数の関係性を同時に把握することが可能になります。

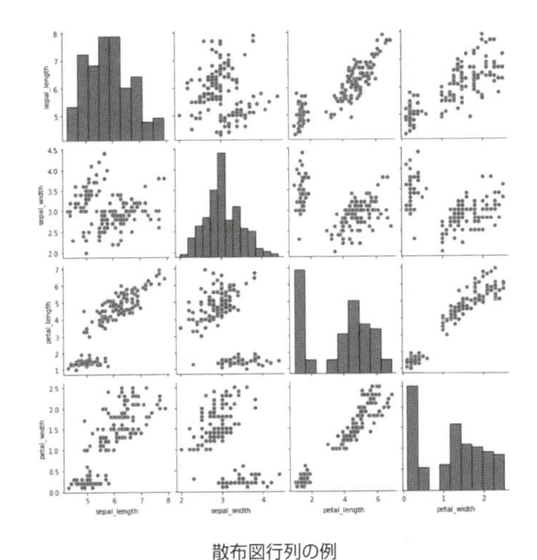

散布図行列の例
出典：https://www.python-graph-gallery.com/correlogram/

3. ヒートマップ

ヒートマープは、2次元データの個々の値の大きさなどの情報を色や濃淡などで表した視覚化の方法です。地図上にプロットすると、その地理上の情報も連動して考慮させることができます。他にも視線が集まる画面上の場所や体の部位ごとの体温の違いをわかりやすく表示するなど、さまざまな場面で活用されています。

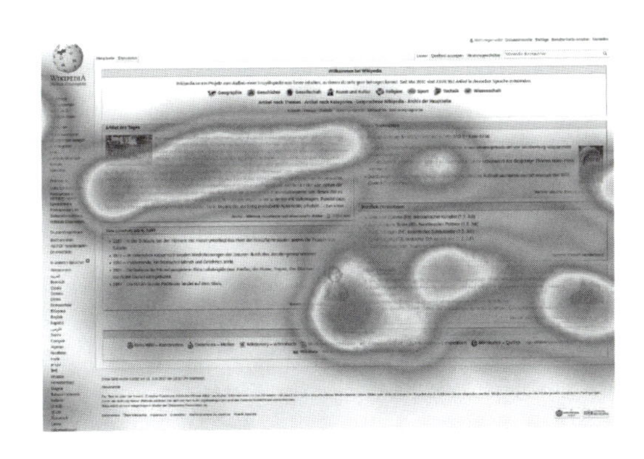

ヒートマップの例
出典：https://commons.wikimedia.org/wiki/File:Eyetracking_heat_map_Wikipedia.jpg

スキルを高めるための学習ポイント

- 3次元の情報を2次元に付加する可視化の方法を把握しましょう。
- それぞれの可視化方法がどのような場面で活用されているかを調べてみましょう。

スキルカテゴリ データ可視化　**サブカテゴリ** 意味抽出　頻出

DS133 データの性質を理解するために、データを可視化し眺めて考えることの重要性を理解している

ここまでさまざまなデータの可視化(視覚化)の技術や手法を紹介してきましたが、なぜデータを可視化するかというと、数値情報だけでは捉えられない現象やデータ間の関係性・変化をグラフや図を用いて把握しやすくするためです。

可視化によって初めて特徴や法則性、関係性が把握できるケースはよくあります。例えば、データの代表値である平均値・中央値・最頻値や散布度である分散・標準偏差を求めてみたが、特に違和感がなかったとしましょう(DS3,4参照)。しかし、DS89でも記載したとおり、2変量をX軸とY軸で組み合わせた散布図で可視化することで、外れ値の可能性が見出せることもあります(DS69参照)。

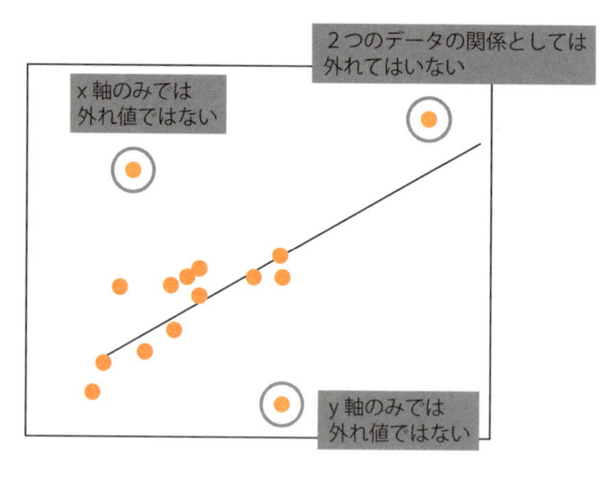

可視化によって見えるデータ間の関係性の一例

可視化した結果を眺めることで、「なぜそのような分布になっているのか」「この分布の法則性の背後に何が潜んでいるか」といったデータの性質を理解するための手助けになります。データから起こっている事象を把握するために、数値情報と同様に可視化して眺めることの重要性とメリットを十分に理解しましょう。

スキルを高めるための学習ポイント

- 文字や数値の情報だけで構成されたレポートと、可視化されたグラフや集計表を用いたレポートの違いを比べてみましょう。
- 可視化された情報から「何が言えるか」を考える習慣をつけましょう。

DS134 外れ値を見出すための適切な表現手法を選択できる

外れ値についてはDS89やDS133で既出ですが、データ分析や可視化で漏れなく発見し、かつ慎重に扱う必要があるテーマですので、ここでは外れ値を見出すための方法を紹介します。

可視化によって外れ値やデータのばらつきを見出す方法はDS133で紹介した散布図以外にも、以下の左図にあるヒストグラムによる可視化や以下の右図にある箱ひげ図と四分位数（四分位偏差）を用いた可視化、他にクラスター分析を用いる方法などがあります（DS56,89参照）。

箱ひげ図と四分位数（四分位偏差）についてもう少し解説すると、まず四分位偏差とは、四分位範囲と呼ばれる「第3四分位数－第1四分位数」を2で割った値、つまり中心付近のデータがどのくらい散らばっているかを把握できる値です。箱ひげ図は、箱の下限を第一四分位（25%点）、箱の上限を第三四分位（75%点）とし、ひげの下限を「第1四分位数－3×四分位偏差」（下側境界点）、上限を「第3四分位数＋3×四分位偏差」（上側境界点）とするグラフです。箱ひげ図では、ひげの両端に入らないデータを外れ値として扱います。

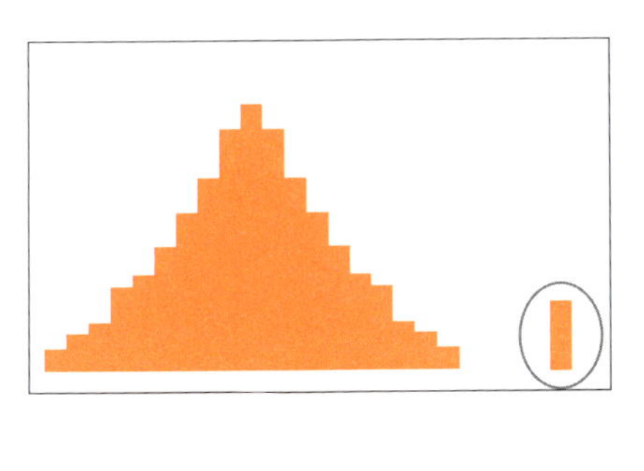

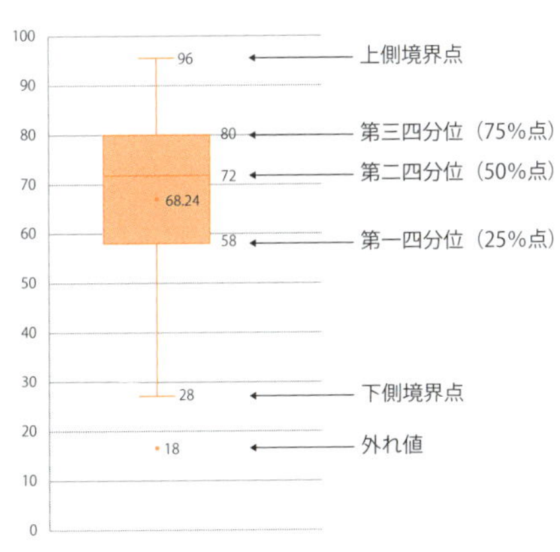

箱ひげ図と外れ値の例

スキルを高めるための学習ポイント

- 外れ値の可視化手法にどのようなものがあるかを把握しましょう。

スキルカテゴリ データ可視化　サブカテゴリ 意味抽出　頻出

DS135 データの可視化における基本的な視点を挙げることができる（特異点、相違性、傾向性、関連性を見出すなど）

データは可視化して終わりではなく、そこからの意味抽出が重要です。同じ可視化でも、適切な意味抽出ができるかどうかで成果が異なります。

データ可視化における基本的な視点は、目的や軸だしの際のポイントとも重複しますが、特異点や相違性、傾向性、関連性を見出すなどが挙げられます。

しかし、データ可視化の視点について唯一の正解といえる定義はありません。そこで、ここではFinancial Times Visual Vocabularyを引用して、主要な視点をご紹介します。

1. 差

基準との差、要素間の差（比較）を見ます。差を見ることをもう少し細かくすると、順位を確認したり、量的な比較をしたり、特異的な差を見つけたりします。

2. 相関

2つ以上の変数の間の関係性を見ます。全体的な視点では関係性を見つけ、局所的な視点では関係性から外れた特異値を見つけることにも使います（DS7参照）。

3. 分布

ある集団のデータの内部での分布を見ます。集団内でのデータの偏り、中心性、特異値を見ます（DS10参照）。

4. 変化

時間やプロセスでの変化を見ます。変化の傾向を見たり、突発的な変化点を見つけたりするのに使います。

5. 構成

内訳を見ます。構成要素ごとの占める割合を確認するのに使います。

出典：「（2版）Visual Vocabulary日本語版20180308204452_Data」
（https://github.com/ft-interactive/chart-doctor/blob/master/visual-vocabulary/Visual-vocabulary-JP.pdf）

スキルを高めるための学習ポイント

- 表現したいことに応じたチャートの分類を理解しましょう。

DS140 スコープ、検討範囲・内容が明快に設定されていれば、必要なデータ、分析手法、可視化などを適切に選択できる

データサイエンスのプロジェクトでは、まず分析プロジェクトの目的を明確にします。その目的が曖昧なままで分析プロジェクトを進めても、分析結果がビジネスや業務で使えるものにならず、分析にかけた稼働自体が徒労に終わってしまいかねません。そこで、プロジェクト関係者で分析の目的に対して合意をします。次に、その目的を達成するために、どのような結果がデータ分析の結果から導き出せるとよいか仮説を立てます。分析の仮説に関しては他のページに説明を委ねますが、この仮説が明確になることで、分析アプローチの設計につながります。

分析アプローチの設計では、その作業スコープ、検討範囲や分析内容を設定します。これは思いつきや手当たりしだいの分析にしないよう、作業の手戻りや無駄な業務を行わないために必要な作業です。

例として、ある小売店舗における売上拡大という目的を定め、売上モデルを構築し、売上に貢献する変数を把握するというプロジェクトを考えてみましょう。店舗の売上には、「プロモーションの実施」「天候」「休日か平日か」などが関わっているのではないかという仮説が挙がりました。この仮説を踏まえ、分析のアプローチを設計する場合、まず必要なデータとして、「売上」データと、先述した「プロモーションの実施」「天候」「休日か平日か」などが挙げられます。次に分析手法としては、重回帰分析や時系列データであることを踏まえ、時系列解析の手法ARIMAに説明変数を加えたARIMAXや状態空間モデルなどがモデルの候補として挙げられるでしょう(DS210参照)。また、アルゴリズム設計前のデータ可視化手法としては時系列グラフ、曜日平均や移動平均の利用、外れ値検出のための変数ごとのヒストグラムなどが挙げられます(DS67,89,210参照)。変数間の相関を確認するために、散布図行列も可視化されるでしょう(DS7,67,125参照)。

このように分析アプローチ設計が完了したら、立てた仮説を検証するために必要なデータを定め、分析手法を選定し、可視化の方針を決めていきます。

適切に選択できるようになるには、単にデータや分析手法、可視化の知識だけでなく、関係する業務知識とともに実践を重ねることが重要です。実践の機会が少ない方は、ビジネスや業務で、どのデータがどのように分析・可視化されているかを調べてみるところから始めるとよいでしょう。

スキルを高めるための学習ポイント

- データサイエンス領域での業務フロー、各タスクの目的、タスクリストを把握しましょう。
- データの特徴ごとに有効なアプローチ方法を整理しましょう。

スキルカテゴリ データの理解・検証　サブカテゴリ 統計情報への正しい理解　頻出

DS144 ニュース記事などで統計情報に接したときに、数字やグラフの持つメッセージを理解できる

私たちの身の回りには、多くの深刻な情報が、日々飛び交っています。新型コロナウイルスCOVID-19の拡散に伴い、事実と異なるでたらめな噂話が広まったことで、特定の日用品が店頭から消えるという事態も起こりました。このように、不正確な情報やデマの拡散によって社会的な動揺が引き起こされることを、インフォデミック(infodemic：information pandemic)と呼びます。

インフォデミックが起きる原因は大きく2つの欠如が挙げられ、1つはエビデンスベースト(Evidence-Based)の欠如、そしてもう1つがデータを読み解く力の欠如です。

エビデンスベーストとは、日本語で「根拠に基づいた」という意味で、個人の勘や思い込みではなく、事実やデータをベースに判断しようという考え方です。社会的な動揺は、「過去にも似た事象があったので、なんとなく今回も同じことが起きるのではないか」という、感覚的な判断によって引き起こされることがあります。そのような判断を避けるためにも、定量データを探すことを習慣化しましょう。

そして、定量データやグラフ、統計情報を見つけた際に、数字やグラフの持つメッセージを正しく理解するにはデータを読み解く力が求められます。これにはいくつかポイントがあります。

まず「絶対数なのか比率なのか」という視点を持つことです。感染者の絶対数での比較と、感染率で考える場合とでは意味合いがまったく違います。「感染率」で考えるのであれば、母集団となるのは「検査をした人」であることに注意する必要があります。

また、「同時に比較してよいデータかどうか」を見極めることも大切です。政府発信の統計データであったとしても、感染者数の集計基準が変更になると、時系列での感染者数の増減は捉え方が違ってきますし、場合によっては比較できないことも生じます(DS210参照)。

他にも、「都合の良いデータのみを用いていないか」「可視化グラフに恣意的な表現が用いられていないか」「相関関係なのか因果関係なのか」など、確認するポイントは多くあります(DS7参照)。データを読み解きエビデンスで語ることは、ビジネスパーソンとしての基本姿勢です。情報に惑わされず適切な意思決定を行うためにも、その基本姿勢を忘れないようにしましょう。

スキルを高めるための学習ポイント

- 統計情報に対する基本姿勢を身に付けておきましょう。
- データを見る際に確認すべきポイントに、どのようなものがあるかを理解しておきましょう。

DS147 単独のグラフに対して、集計ミスなどがないかチェックできる

データサイエンスのプロジェクトには、「データを集計して可視化→意味合いを考える→新たな仮説で別の切り口から集計して可視化」というサイクルを繰り返します。もしそこで集計仕様(どの変数をどのような条件で抽出し、値を求めるか)どおりに結果が出ていなければ、どのような分析を行っても価値創出にはつながりません。

1万人の会員がいる店舗で、ポイントカードのデータを集計しているケースを考えてみましょう。「会員ごとに直近のポイント獲得日を集計し、日別に描画したグラフとして、以下を受け取りました。

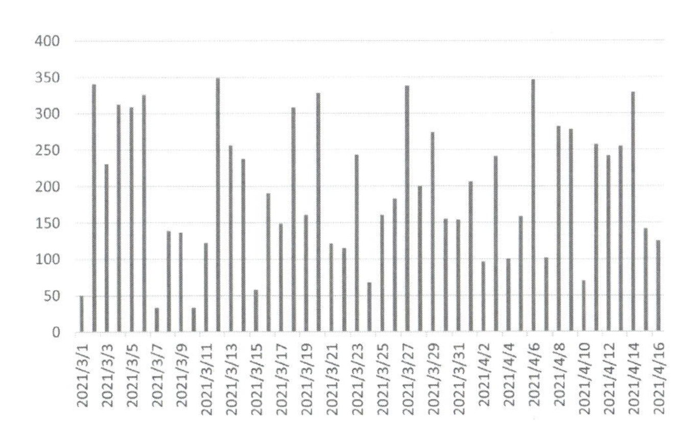

集計結果として最初に受け取ったグラフ

本来、直近のポイント獲得日を集計した場合、2回、3回と複数回獲得をしている顧客は日付がより新しい方に位置されるため、グラフは「獲得日」の最も新しい日付から古くなるにつれて人数が減っていく形状になることが想定できます。しかし、このグラフは人数が減っていません。

ここで「何かが誤っているのではないか」と気付いて確認すると、「顧客IDごとの直近の獲得日」ではなく、「獲得日ごとの顧客IDの数」を集計した結果であることがわかりました。つまり、可視化したことによって、集計仕様の誤りに気付くことができたというわけです。「顧客IDごとの直近の獲得日」で再集計した結果、グラフは次のように当初予定した結果に近い形状になりました。

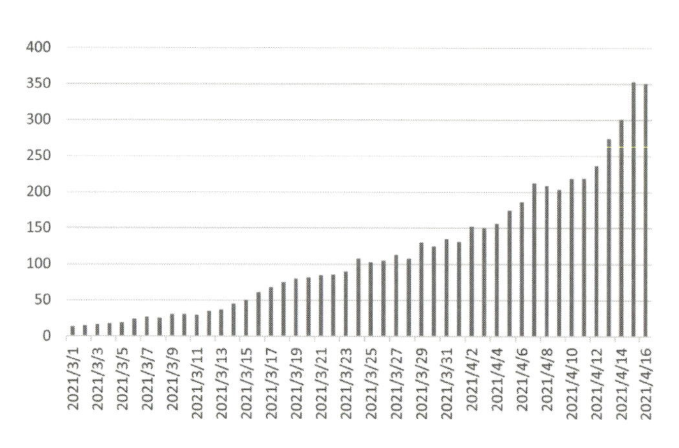

直近のポイント獲得日の正しいグラフ

このように集計ミスに気付くためにも、データを1件ずつ眺めるだけでなく、可視化することも重要です。そして、可視化した結果とそのデータの背景や商習慣、いわゆるビジネスドメインに関する知識を持っていることで、より一層集計ミスに気づくことが可能です。

一般的に集計ミスをしやすいケースを以下に挙げておきますので、参考にしてください。

- ・(先述したような)集計条件の間違い
- ・データの欠損や外れ値・異常値をそのまま集計(DS89参照)
- ・単位を間違えているデータが混在(他国の通貨単位や万円と百万円の混在など)
- ・排除すべきデータ重複を排除できていない
- ・データの結合方法を誤り、間違ったデータで集計している
- ・集計する日時がずれている(システムが記録している時間のズレ)
- ・データ収集元のシステムやセンサーの変更(DS144,153参照)
- ・集計するKPI(重要な業績指標)の数式を間違えている

スキルを高めるための学習ポイント

- 可視化されたグラフから、元となるデータセットのイメージを想起してみましょう。
- ありがちな集計ミスについて、どのようなものがあるかを調べたり周囲に聞いたりしてみましょう。

DS148 データ項目やデータの量・質について、指示のもと正しく検証し、結果を説明できる

データサイエンスのプロジェクトを実行する際、集められたデータ項目やデータの量、データの質がデータ分析を行うのに十分かどうかは、データ分析を行う前に見極めておく必要があります。このチェックを怠ると、その後の分析の時間を無駄にしかねません。分析用のデータが出揃ったら、以下のような観点でデータが揃っているか確認・検証することになります。

データ項目のチェック	・データ項目にダブりや抜け漏れがなく、揃っているか ・目的変数に対して説明変数の候補となりえるデータかどうか
データ量のチェック	・想定されていた件数のデータが用意されているか ・指定したとおりの期間のデータが揃っているか ・分析に必要な件数が十分揃っているかどうか （機械学習の実行時に十分な学習用／検証用に分割することができるか）（DS40参照）
データ質のチェック	・データに重複がないか ・データの偏りがないか（DS177参照） ・定義どおりのデータが格納されているか （文字型のカラムに数字型のデータが含まれていないかなど）（DS87参照） ・データ項目／カラムごとに欠損はないか、ある場合どの程度か ・サンプルごとの欠損率はどの程度か（DS89参照） ・異常値や外れ値の存在はどの程度か（DS89参照）

分析用データについてチェックする項目の例

この項目例にも挙がっているように、データ項目やデータ量は比較的簡単にチェックができ、かつ、チェック項目が多くないのに対して、データの質のチェックは項目数が多く、また、細かな集計やデータを見る作業が必要となります。

あらかじめ定めた分析目的に対して、十分データが集められているかを判断し、もしデータが不十分な場合は、データ項目や量・質のどの観点でデータが不十分かを説明したうえで、次のステップを検討することになります。一般的には収集したデータで対応するようにデータ加工を行うか、それでは不十分な場合はデータの再取得を依頼することになります。再取得する場合でも、この検証結果を説明することで、収集条件の設定ミスなどを防ぐことができるため、分析用データの事前チェックは重要な作業といえます。

スキルを高めるための学習ポイント

- 量・質が十分でないデータでは、価値ある分析ができないことを理解しましょう。
- 分析目的に即したデータであるかどうかのチェック事項を理解しましょう。

スキルカテゴリ データの理解・検証　サブカテゴリ 俯瞰・メタ思考　頻出

DS153 データが生み出された背景を考え、鵜呑みにはしないことの重要性を理解している

データサイエンティストが、世の中の出来事やビジネスで何が起きているかを読み解くには、何よりもデータが重要であり、データがなければ何も始まりません。そこで、集計・分析のためにデータを精力的に集めるわけですが、ただデータを闇雲に集めても、データが生み出された背景やデータが示す意味を理解していなければ、有意義な示唆を導き出すことができず、その行為自体が水泡に帰す可能性が高いです。

そこで収集したデータを分析する前に、データが生み出された背景を考え、ときにそのデータを鵜呑みにせず本当に正しいデータかどうかを確認することが重要です。

例えば、ウェブサイトのアクセスログ解析ツールで見られるアクセス数は本当に全件取得できているかどうか、もし全件ではなくサンプリングしているとしたら、どのような条件でサンプリングしているのかを把握していないと、正しい分析はできません(DS110,177,DE85参照)。また官公庁や自治体が提供するオープンデータは何を集計したものかを正確に把握していないと、間違った使い方や誤った示唆を導きかねません。これらの例は、データが生み出された背景をきちんと調べれば、解決できるものでしょう。

一方で、例えば残業時間の調査のために勤怠管理のデータを集計しようとした際に、出勤時間や退勤時間が1ヶ月間ずっと同じ時間の入力データで揃っていたら、規則正しい生活を送っている人でなければ、おそらく何かしらの理由でデータを修正しているのではないかと考えるのが自然でしょう。また、SNSのデータを分析すると複数の単語の頻出度合いが揃って突出していたとしましょう。それらの単語が人気になっていると考えることもできますが、まとまった文章がリツイートされただけと考えることもできます。

このように、データを分析する以前に分析対象となるデータにはどのような背景があり、どのような性質をもったものかを理解しておくことは、その後の分析の成果を大きく左右します。手元のデータを鵜呑みにせず、データの違和感に気付くために、データの取得元を調べるのはもちろんのこと、先述したようにデータを並べて俯瞰的に見てみることや、過去に類似する事象が起きていなかったかを考えてみることなどを行ってみましょう。

スキルを高めるための学習ポイント

- 収集したデータが生み出された背景を常に考えるように心がけましょう。
- 収集したデータを鵜呑みにせず、違和感に気付けるよう、時にはデータを俯瞰的に見てみましょう。

スキルカテゴリ データの理解・検証　サブカテゴリ データ理解　頻出

DS156　データから事実を正しく浮き彫りにするために、集計の切り口や比較対象の設定が重要であることを理解している

データ分析において集計の切り口や比較対象を決めることは、データから価値を見出すために非常に重要なデータ分析のプロセスと言えます(DS105参照)。

Step1	Step2	Step3	Step4
データ確認 データ構造把握	データクレンジング データ加工／整形	基本集計 (各種クロス集計)	詳細分析(モデル作成、 機械学習の実行)

データ分析のプロセス

アパレル通販におけるデータ分析の例で考えてみましょう。「プロモーションが売上にどのように影響しているか？」を解き明かすという分析目的の場合、何と何を比較し、どのように集計すればよいでしょうか。

目的は「プロモーションによる影響」ですので、プロモーションに関する情報(いつ・どのような内容でプロモーションが実行されたか)が、集計の切り口としてまず挙げられるはずです。そのほかにも、性別や年代など顧客の属性、購入された商品カテゴリとプロモーションの関係、期間中のセールなども「売上に影響を与える要因」として考えられます。そうであれば、セールや商品カテゴリについての切り口も検討する必要があります。

ありとあらゆる比較軸・集計軸をすべて検討できればよいのですが、現実的にはそうはいきません。限られた時間の中で価値を見出し、意思決定・判断するには、「いかに仮説を立てられるか」という能力が問われます。さらには、仮説に対して集計の軸を適切に定める(あるがままではなくグルーピングするなど)スキルも分析者に求められます。

このように比較対象を設定するには、むやみに総当りにするのではなく、事前に仮説を立てておくことが大事です。そして、比較軸を洗い出すためには論理的思考が不可欠です。

スキルを高めるための学習ポイント

- 集計においては「比較」が重要であり、比較軸は仮説から定めることを理解しましょう。
- 身近な集計結果から、どのような比較軸が使われているかを確認してみましょう。

スキルカテゴリ データの理解・検証　サブカテゴリ データ理解　頻出

DS157 普段業務で扱っているデータの発生トリガー・タイミング・頻度などを説明でき、また基本統計量を把握している

データ分析を実行する際、「分析しようとする課題に対する理解」は非常に重要です。そして課題の理解には「正しい現状認識」が求められます。正しい現状認識をするためには、日常的に自分自身が扱っているデータについて、「いつ・なにが・どのように起きるのか」を的確に、かつ定量的に把握することが役立ちます。

扱っているデータの基本統計量を絶えず観察することは、対象となる事象に何か変化が生じた場合にすぐに気付くことができ、その要因特定にもつながります。異常値や外れ値の発見もより早く行えるようになるでしょう(DS89参照)。さらには、類似する領域においての分析アプローチを検討する際にも、分布の状況やデータの振る舞い、適用している統計や機械学習の技法とその結果を参考にすることが可能になります。

例えば、物流拠点の出荷数の予測モデルを運用しているデータ解析部門に在籍しているとしましょう。その場合、次のようなことについてはいつでも答えられるだけの知識をつけておく必要があります。

・日ごとの出荷数の平均や曜日ごとの平均
・どのような日に出荷数が増えるか(取引先でセールがあるなど)
・貨物を管理するIDが発行されるタイミングや、その番号の発番ルール
・採用している機械学習のモデル、インプットデータ、評価指標

これらの知識をつけていれば、特定の日に生じる異常値や外れ値がイベントによるものなのか、想定外の突発的な事象かといった理由を突き止めることができます。また、例えば管理IDが日付＋連番で発行されていることを知っていれば、日付が万一欠損していた場合でも、日付代わりに利用できる可能性があることにすぐに気付けるでしょう。インプットデータの基本統計量を把握していれば、そのインプットデータの変化にいち早く気付けるでしょうし、そのデータが機械学習モデルに利用されているかどうかまで知っていれば、影響範囲の特定も速やかに行えるでしょう。

データには、必ずその背景が存在します。データから何が起きているのか読み解けるまでデータについての理解を深めていきましょう。

スキルを高めるための学習ポイント

- 身近な事象のデータを収集し、継続的に観察するようにしましょう。
- 興味関心のある分野の1つについて基本統計量を答えられるようにしましょう。

DS158 何のために集計しているか、どのような知見を得たいのか、目的に即して集計できる

データサイエンスは試行錯誤、仮説検証の繰り返しです。目的を定め、アプローチを決め、データを収集し、解析し、その結果からさらなる仮説を定めてデータ収集や解析を繰り返し実行する、そのサイクルを繰り返し繰り返し実行することで、最終的な課題解決へと至ります(DS156参照)。そのようなサイクルの中では、切り口を変えてデータを集計することが何度も発生します。

「食事の宅配サービス」の分析を依頼されたAさんの立場で考えてみましょう。「常連顧客をもっと増やすための分析をしたい」と依頼されたAさんは、これを「常連顧客が購入している商品の特徴を把握すればよい」と解釈し、その集計を実行することにしました。

そこで、Aさんは、顧客IDごとの購入金額や購入頻度、直近の利用日、メニューごとの購入数や、配達員ごとの売上金額なども集計しました。一見、これらは必要な集計に思えます。また、このような課題のときに行う集計として、ごく一般的に行うものでもあります。

しかし「常連顧客とは何か」をまず定義するための集計を行わなければ、その他の集計結果も役に立ちません。さらには、データ集計にほとんどの時間を費やしてしまい、本来定めた目的を見失ってしまうということもしばしば起こります。そのような事態に陥りそうになっても、本来の分析目的や得たい結論に向かう集計が行えるかどうかは、データサイエンティストにとって非常に本質的なスキルです。多種多様なデータの組み合わせであっても、また、複雑な集計をしていたとしても、常に本来の目的に立ち返り必要な集計を見極めて実行する必要があります。そのためには、目的を正しく把握しておくことが求められます。

スキルを高めるための学習ポイント

- データ分析は目的ありきであることを理解しましょう。
- 目的によって集計仕様が変化することを理解しましょう。

スキルカテゴリ 意味合いの抽出、洞察　サブカテゴリ 洞察　頻出

DS167　分析、図表から直接的な意味合いを抽出できる（バラツキ、有意性、分布傾向、特異性、関連性、変曲点、関連度の高低など）

データ処理を施し、集計表・可視化を実行して得られた結果を報告する際には、データから読み取れる客観的な事実と、それがなぜ起きているのかの考察・仮説を記載します。ビジネスにおける課題解決のシーンではさらに、それに対して次にどのようなアクションをするかも提案していきます。

「直接的な意味合い」とは、集計表や図表から読み取れる客観的な事実のことです。下図は、東京都新型コロナウイルス感染症の発症日別陽性者数の時系列推移です（DS210参照）。グラフから読み取れる「直接的な意味合い」にはどのようなものがあるでしょうか。

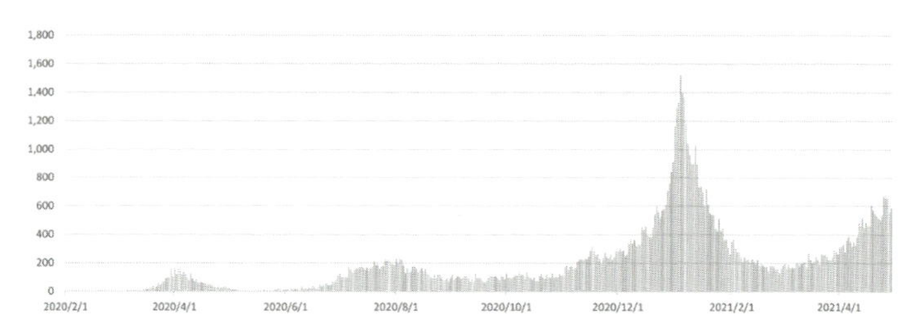

東京都における新型コロナウイルス新規陽性者数（東京都福祉保健局公開データより作成）

これを見ると、2020年の4月と8月、そして2021年1月と4月に、上昇のピークがあります。また、法則性としては、約4ヶ月ごとの周期性があるように見てとれます（DS210参照）。「直接的な意味合い」としての報告は、これらの事実を挙げるとよいでしょう。

ビジネスにおける課題解決のシーンにおいては、それらの「直接的な意味合い」からさらに、「なぜそれが起きているのか」を考察します。そして、検証する計画を立てて深堀りし、データに潜む事実を読み取っていきます。

深堀りを行うためには、考察して仮説を構築するスキルが求められます。そのためには、「直接的な意味合い」を正確に読み取り、網羅的に挙げることが第1歩となります（DS105,135参照）。

スキルを高めるための学習ポイント

- 集計表やグラフから読み取る事実として、どのようなものがあるかを理解しましょう。
- 直接な意味合いを抽出するのは、データの意味を理解し、正確にかつ網羅的に抽出するためであることをしっかり理解しましょう。

DS168 想定に影響されず、分析結果の数値を客観的に解釈できる

仮説検証型のデータサイエンスのプロジェクトでは、達成しようとする目的に対し、あらかじめいくつかの仮説を立てます。その仮説について集計·分析した結果から、さらなる仮説を立てて結論を導き出していくわけですが、想定と著しく異なる結果が導かれることもよくあります。想定と異なると、期待通りの結果が出るまであらゆる分析軸で繰り返し分析を実行したり、恣意的に結果を導き出したくなったりすることもあるでしょう。しかし、想定外の結果が出たときこそ冷静に数値を見る必要があります。そこには、価値ある情報が含まれていることも多いからです。

衣類から家具、食品など、あらゆるものを販売しているカタログ通販のケースを考えてみましょう。このケースでは、企業のデータを用い、購入頻度も購入総額も高い「ロイヤルカスタマ」と呼ばれる上位顧客がどのような顧客なのか、購入している商品にどのような傾向があるのかを分析しました。当初は、全体の会員のうち95%が女性であることから、ロイヤルカスタマもほとんどが女性であると想定していました。また、全体ではワンピースなどの洋服がよく購入されているので、ロイヤルカスタマも同じ傾向だと予想していました。しかし解析の結果、ロイヤルカスタマの半数が男性で、購入している商品は女性ものの下着や肌着などであることがわかったとします。

集計ミスを疑い確認しても、購入回数や購入額の閾値を見直しても、この傾向には変わりがありません。データは真実を示しており、客観的な事実として受け止めねばなりません。この想定外の結果を冷静に紐解くためには、「そもそも会員の男性がどのような方々なのか」ということを、数値で把握しようという発想が生まれます。そこで会員データを確認すると、その大半は決済方法をクレジットカードにしていました。クレジットカードは、名前と性別が一致しなければシステムでエラーが起こります。ロイヤルカスタマの半数を占める「男性」は、配偶者名義のクレジットカードを利用するために、性別を男性で登録した方々だったのです。

想定外の結果が出たときに、数値を冷静に見たうえで物事を多角的に考えることが、データサイエンティストとしての基本的な姿勢です(DS153参照)。また、そのようなときにこそ、発見やひらめきが生まれるということも忘れないようにしましょう。

スキルを高めるための学習ポイント

- 常にデータドリブンに、冷静に分析結果を見ることの重要性を理解しましょう。
- 想定外の結果が得られたときに、その周辺のデータを洞察する意識を持ちましょう。

スキルカテゴリ　機械学習技法　　サブカテゴリ　機械学習　　頻出

DS171　機械学習にあたる解析手法の名称を3つ以上知っており、手法の概要を説明できる

機械学習は大きく分けると、教師あり学習、教師なし学習、強化学習に分類することができます(DS55,173参照)。

教師あり学習では、教師となるデータを用意し、**特徴量**(**説明変数**)と**目的変数**の関係性をモデルにより学習します。目的変数がカテゴリ値などの質的変数を予測することを**分類**、連続値である量的変数を予測することを**回帰**と呼びます(DS26参照)。商品の需要予測や不動産の価格推定など、ドメインに応じた問題を解決するのに役立ちます。

実務では、指示の元で教師データとなる目的変数と特徴量を選定し、データセットを構築することになります。また、指示の元で、使用する学習アルゴリズムを選定し、データセットを学習した後に、学習モデルの評価を行うことになります。分類や回帰の手法としては、**線形回帰**や**ロジスティック回帰**、**k近傍法**、**サポートベクターマシン**、**ニューラルネットワーク**、**決定木**、**ランダムフォレスト**、**勾配ブースティング**などが使用されます。

教師なし学習では、先述したような教師データがない学習の手法のことを指します。例えば、クラスタリングを用いて顧客セグメントを構築し、セグメントごとの施策を実行することで、企業の営業戦略に関する問題などを解決するのに役立ちます。クラスタリングにおいては、指示の元で、分類対象と分類方法を決め、分類に用いられる距離を定義し、距離を測定してクラスタリングしていきます。クラスタリングの手法としては、**階層型**と**非階層型**に分けることができ、非階層型には**k-means法**などがあります(DS56参照)。

強化学習は、与えられた環境の中で報酬が最大になるようにエージェントが行動を繰り返すことでモデルを構築します。自動運転のエージェント構築、囲碁や将棋などのゲームエージェント構築などに使用され、シミュレーションの問題を解決するのに役立ちます。学習の仕方としては、**方策反復法**と**価値反復法**に分けることができ、Alpha Goに採用されている深層学習と組み合わせた**Deep Q-Network** (DQN)などがあります。

スキルを高めるための学習ポイント

- 教師あり学習、教師なし学習の代表的な手法とその概要(長所・短所)、活用シーンを整理しておきましょう。
- 教師あり学習、教師なし学習の設定項目(教師データ、特徴量、アルゴリズムなど)を確認しましょう。

DS172 指示を受けて機械学習のモデルを使用したことがあり、どのような問題を解決することができるか理解している

機械学習の解析手法はDS171で解説していますが、一般的に解析手法にはそれぞれメリット・デメリットが存在し、また、どのようなときにどの手法がよいかは明確になっていない部分もあるため、さまざまな手法を試した上で良い結果を示す手法を採用するのが一般的です。

そこで、機械学習モデルの構築指示を受けたとき、ただ言われたとおり解析手法を使用してモデルを構築するだけでなく、どのような問題解決に取り組んでいるかわかっていれば、取り組みの全体像とその指示の位置づけをより正確に理解でき、その作業のゴールや次にやるべきこと、もっと良いやり方がないかを考えることもできるようになります。機械学習の解析手法を使えるだけでなく、その先にある解決すべき問題まで見据えて作業を進めましょう。

さて、機械学習の解析手法を使用して解決できるタスクは多数存在しますが、ここでは大きく分類した中で、比較的よく用いられる代表的な4つの問題を紹介します。

1つ目は、分類問題です。写真内にいる動物の認識や手書き文字の解読などが代表的な事例です。判別したい分類を定めると、未知のデータに対してその分類のうち、どれに一番近いかを判別してくれます。

2つ目は、予測問題です。販売量予測や来客数予測などが代表的な事例です。さまざまな条件における過去の結果データから、関係性や傾向を学習し、近い将来の結果を予測してくれます。

3つ目は、クラスタリングです。例えばマーケティングではターゲットを絞るために顧客データから顧客層のグループ化するのにクラスタリングを用います。大量のデータから、機械が自動的に似た者どうしをグループ化してくれます(DS56参照)。

4つ目は、異常検知です。設備異常の迅速な検出や、サイバー攻撃の検知などが代表的な事例です。大量のデータからこれまでにないパターンや振る舞いを検出してくれます。

ここでは代表的な4つの問題を紹介しましたが、他にも時系列予測やレコメンドなどもありますので、興味のある方は調べてみましょう(DS41,210参照)。

スキルを高めるための学習ポイント

- 機械学習で解決する代表的なタスクのタイプを覚えておきましょう。
- 機械学習の手法を分類して理解し、身近な問題がどのタイプに当てはまるか考えてみましょう。

スキルカテゴリ 機械学習技法　サブカテゴリ 機械学習　頻出

DS173 「教師あり学習」「教師なし学習」の違いを理解している

教師あり学習や教師なし学習の手法についてはDS55やDS171でも触れてきているため、ここでは両者の違いを解説していきます。

教師あり学習は、特徴量(説明変数)とターゲットにしたい正解(目的変数)をセットにしたデータをコンピューターに学習させる手法です。教師あり学習は、回帰(DS25,26参照)や分類(DS55参照)でよく用いられます。実際にデータをコンピューターに学習させるには、機械学習アルゴリズムと呼ばれる計算手順を用意しますが、教師あり学習では、正解データを付与したデータ(教師データ)をコンピューターに学習させることで、コンピューターはその正解傾向を捉え未知の説明変数に対する予測や判別を行います。

このことから、教師データが十分に用意できていない状況では、コンピューターの学習は進まず、良い予測精度や判別精度を得ることはできません。(DS38参照) また、付与した正解データが誤っている状況でも同様の結果となります。よって教師あり学習では、コンピューターが学習する十分な量の正確な教師データを準備することが重要です。しかしビジネスの現場では、教師データを十分に用意できず、教師あり学習を断念することもあります。これは、教師データを用意する作業、すなわち正解データを付与する作業に多大な時間やコストを要することが一つの理由であり、今日では教師データを生成するさまざまな工夫が検討されています(DS176参照)。

一方で教師なし学習は、正解を付与することなく指定した特徴量だけでコンピューターがデータ間の関係や特徴を発見する手法です。データを複数のグループに自動で分割するクラスタリングや、特徴量を合成してデータの次元を削減する主成分分析などがあります。(DS21,56参照)他に、アソシエーション分析や深層学習を使ったGAN(敵対的生成ネットワーク)なども教師なし学習としてよく取り上げられます。教師なし学習では唯一の正解があるわけではなく、どの特徴量を選ぶかによって結果が異なるため、探索的に結果を解釈し妥当性を判断しなければなりません。一方で、教師あり学習で述べたような教師データを整備せずともよい点は魅力的な手法とも言えます。

どちらが良い悪いということではなく、分析データの整備状況やどのような状況で利用するかなどを総合的に判断し選択するようにしましょう。

スキルを高めるための学習ポイント

- 教師あり学習と教師なし学習の違い、それぞれの目的と注意点を説明できるようにしておきましょう。

DS174 過学習とは何か、それがもたらす問題について説明できる

機械学習の過学習とは、学習の回数が増えるにつれて、学習データの誤差(training error)が減少するのに対し、未知のデータに対する予測誤差である汎化誤差(test error)が増加する状態を指します(DS40参照)。オーバーフィッティングや過剰適合とも呼ばれます。

過学習が起きる原因としては、学習データ数に比べて、モデルが複雑で自由度が高い(説明変数が多すぎる)ときに発生し、未知のデータを安定して予測できない事態などが生じます。

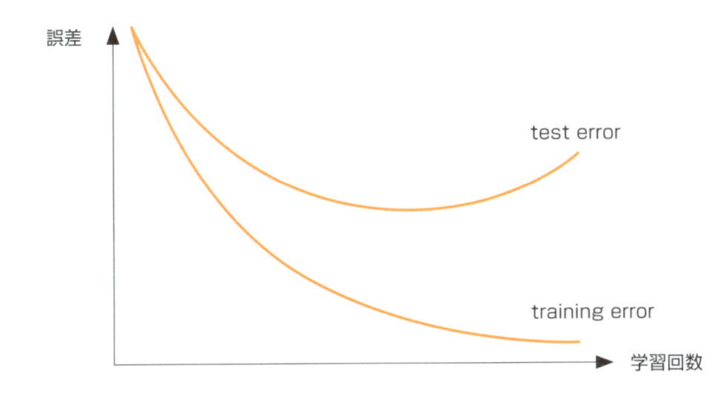

過学習時の学習データの誤差(training error)と汎化誤差(test error)のイメージ

過学習を抑制するためには、学習データ数を増やす、単純なモデルに変更する、正則化する(モデルの複雑さが増すことに対する罰則をかけ、複雑さを抑える)、学習方法として交差検証法を用いる、学習の早期打ち切り(early stopping)をするなどの方法があります。また、むやみに説明変数を増やしすぎると過学習が発生するので、必要な説明変数に絞ってモデルを構築するのもポイントになります。

この項目で求められているスキルの範囲を超えますが、過学習の反対の状態を、未学習やアンダーフィッティング、過少適合と呼びます。これは、学習データにも未知のデータにも適合しない状態を指します。

スキルを高めるための学習ポイント

- 過学習とはどのような状態か説明できるようにしましょう。
- 過学習の原因と対処法を理解しておきましょう。
- 過学習と未学習を混同して使用しないようにしましょう。

スキルカテゴリ 機械学習技法　サブカテゴリ 機械学習　頻出

DS175 次元の呪いとは何か、その問題について説明できる

一般的に変数や特徴量を増やすことで、モデルの説明力は高まると言われています。一方で、扱うデータの次元(変数や特徴量の数)が増えると、指数関数的に計算量が増加し、解決したい問題の解決を阻む要因となります。このデメリットを**次元の呪い**と呼びます。

機械学習では、データの次元が大きくなりすぎると、そのデータで表現できる組み合わせが指数関数的に大きくなってしまい、分類問題では過学習を発生させることにつながります(DS174参照)。クラスタリングでは、先述したように、距離を比較するのが難しくなり、想定したクラスターを作成するのが困難になります(DS56参照)。

機械学習における次元の呪いを抑制するには、特徴量の中から必要なものを選ぶ**特徴量選択**、データが持つ情報をできるだけ保持したまま低次元に圧縮する**次元圧縮**などを行う必要があります(DS21参照)。また、教師あり学習においては、次元の呪いで発生する問題(過学習など)を回避するテクニック(正則化など)があります(DS173参照)。ただし、教師なし学習においては次元の呪いを回避するのは難しいため、次元の呪いを理解した上で、最初からむやみに次元を増やしすぎないことがポイントになります。

スキルを高めるための学習ポイント

- 次元の呪いとは何か説明できるようにしておきましょう。
- 次元の呪いによって発生する問題と対処法を理解しておきましょう。

DS176 教師あり学習におけるアノテーションの必要性を説明できる

教師あり学習で精度の高い機械学習モデルを構築するためには、教師データと呼ばれる正解に相当する出力データをもった学習データが大量に必要となります(DS38,40,55,171,173参照)。コンペティションなどでは、あらかじめ教師データが与えられている状況が多いですが、実ビジネスでは、利用可能な教師データが不足する場面が多々あります。そこで、正解に相当する出力値のついていない教師なしデータに対して、正解を付与して教師データを作る**アノテーション**を行う必要があります。

例えば、機械学習モデルを用いて開発したチャットボットの回答精度を上げるために、そのテキストに含まれる単語の中で回答精度の向上に重要と判断した単語を意味付けする**タグ付け**と呼ばれるアノテーションを行います。また、画像や映像の分析では、例えばその画像に写っている机や電車などの物体をタグ付けするアノテーションや、色や感情などの属性をタグ付けするアノテーションに加え、画像の範囲を特定する4点の座標を指定する**バウンディングボックス**と呼ばれるアノテーションなどが行われます。

アノテーションは、人手で行う方法と**半教師あり学習**、**アクティブラーニング**などがあります。人手で行う場合は、事前にアノテーションの観点を決めて複数人で行うことで、品質の高い教師データの量産を目指します。一方で、半教師あり学習では、すべてのデータに対してアノテーションを行うわけではなく、一部の正解を付与した教師データと大量の教師なしデータを組み合わせることで、教師なしデータに対する推論結果を得て、機械学習モデルによる半自動的なアノテーションを行います。また、アクティブラーニングは、一部の正解を付与した教師データで機械学習モデルを構築し、残りの大量の教師なしデータの中から機械学習モデルの学習に効果的なデータを抽出し、そのデータに対して人が正解を付与し教師データを増やしていく方法です。人が行うアノテーションの作業を効率的に行える方法といえます。

スキルを高めるための学習ポイント

- アノテーションの目的と方法を理解しておきましょう。
- 半教師あり学習とアクティブラーニングなどの用語を理解しておきましょう。

DS177 観測されたデータにバイアスが含まれる場合や、学習した予測モデルが少数派のデータをノイズと認識してしまった場合などに、モデルの出力が差別的な振る舞いをしてしまうリスクを理解している

機械学習においては、データバイアスやアルゴリズムバイアスなどのさまざまな偏りによって、モデルの出力が意図しない結果になることがあります。

データバイアスとは、観測されたデータにバイアスとなる特徴量が含まれているため、サンプリングの仕方により少数派のデータが生まれ、バイアスを発生させてしまう(サンプリングバイアス)ことをいいます(DS110,153,DE85参照)。例えば、若者と高齢者が50%ずつ存在する母集団に対してサンプリングを行った結果、若者が90%だったとします。このデータの偏りに対して何も考慮せずに分析の結論を出してしまうと、母集団に関して誤った結論を導いてしまう可能性があります。このような誤った結論を導かないためにも、データに偏りが発生していないか確認した上で、分析設計を行う必要があります。

アルゴリズムバイアスとは、データに偏りなどのバイアスはないが、機械学習モデルを構築する際に用いた解析手法、すなわちアルゴリズムによっては特定の特徴量を強調して学習してしまい、バイアスのある結果を生んでしまうことをいいます。アルゴリズムバイアスを避けるには、適用可能な複数の解析手法を用いて機械学習モデルを構築し、比較することで、結果の違いを確認することが有用です(DS171参照)。

このように、バイアスが入った状態でのモデルの出力結果のことを、このスキル項目では「モデルの出力が差別的な振る舞いをしている」と表現しています。特に、性別や国籍などのセンシティブな特徴量が含まれるデータについては、差別的な振る舞いにつながる可能性が存在します。モデルの出力が差別的な振る舞いをしないために、このような特徴量がもし入っているようであればあらかじめ除いておく、サンプリングは層化抽出で行うなどして、データバイアスに対応する必要があります(DS93,106参照)。また、学習アルゴリズムの選択やパラメータの設定なども適切に行い、アルゴリズムバイアスにも十分に注意を払う必要があります。

データサイエンティストとしては、機械学習の解析手法に詳しければそれだけでよいというわけではありません。データと向き合うことでさまざまなバイアスに気付けるかどうかも重要な要素になります。

スキルを高めるための学習ポイント

- データバイアスとアルゴリズムバイアスの違いを理解しておきましょう。
- バイアスが発生する具体例を調べておきましょう。
- バイアスが発生する原因と対処法を理解しておきましょう。

スキルカテゴリ 機械学習技法　サブカテゴリ 機械学習　頻出

DS178　機械学習における大域的(global)な説明(モデル単位の各変数の寄与度など)と局所的(local)な説明(予測するレコード単位の各変数の寄与度など)の違いを理解している

機械学習によって構築したモデルの説明責任や精度改善のために、そのモデルの解釈性が求められることが増えつつあります。総務省は、AIの研究開発の原則の1つとして「透明性の原則」を謳っており、「AIネットワークシステムの動作の説明可能性及び検証可能性を確保すること。」としています。ここで言われる説明可能性の確保の方法については、現在「大域的(global)な説明」と「局所的(local)な説明」の2つに分類することができます。

大域的な説明は、機械学習で構築した複雑なモデルを、人間が解釈可能な可読性の高いモデルとして表現し直すことで説明とする方法を指します。例えば、回帰分析を例に挙げましょう(DS26参照)。ビールの売上を気温などのさまざまな変数で説明できれば、その結果気温が1度上がると売上がいくら上がるということを説明できます。解釈可能で可読性の高いモデルを作るには、ここで挙げた回帰分析以外に決定木分析などの手法があります。一方で、多くの機械学習のモデルは可読性を犠牲にその複雑性によって精度向上を可能としてきたため、逆に可読性を高めるということは、精度を犠牲にする可能性が生じるということになります。

そこで局所的な説明が用いられることがあります。局所的な説明とは、機械学習で構築した複雑なモデルへの特定の入力で得られた予測結果やその予測プロセスを根拠に説明する方法です。モデルそのものの可読性ではなく、ある特定の入力に対して機械学習モデルがどのように判断したかを示すことで、その説明に変えます。例えば、犬と猫の画像を識別するモデルがあった場合、ある犬の写真を入れて正しく犬と識別したときに、どこを特徴として捉えたかを実際に使った写真を用いて説明します。あくまで一例にすぎないため、それだけで十分な説明になる保証はないですが、複雑な機械学習モデルを解釈するための方法の一つとされています。また局所的な説明は、機械学習の判断が偏っている場合、その原因を明らかにするのにも用いられることがあります。

機械学習の解釈については、ここ数年で特に注目を集めるようになった議論のため、今後あらゆる手法が提案され、見解が述べられる分野です。最新の状況を継続的に確認するようにしましょう。

スキルを高めるための学習ポイント

- 大域的な説明と局所的な説明の違いを理解しておきましょう。
- 機械学習の説明性が必要な理由を理解しておきましょう。

スキルカテゴリ 時系列分析　**サブカテゴリ** 時系列分析

DS210 | 時系列データとは何か、その基礎的な扱いについて説明できる（時系列グラフ、周期性、移動平均など）

時系列データとは、「時間の経過とともに変化するデータ」です。気温や株価、商品の売上データは、時系列データとして有名なものです。時系列データの分析では、時間とデータの関係を理解するためには、「トレンド」と「周期性」を捉える必要があります。

トレンドとは、細かな変動を除いた全体のデータの傾向です。トレンドを把握するための代表的な手法として移動平均があります。**移動平均**とは、一定期間の間隔を定め、その間隔内の平均値を連続して計算することで、長期的な変動を把握するというものです。間隔を広げるほど、より長期的な傾向を掴むことができる一方で、細かい傾向の変化をつかむことが難しくなります。

周期性とは、同じ周期でのデータの変動パターンのことです。例えば、遊園地の1日ごとの来客数のデータがあるとき、休日である土曜日と日曜日は来客数が多いので、このデータは曜日単位での周期性を持つと言えます。周期性には、四季や天候、社会的慣習などさまざまな要因が考えられるため、その周期性が何によって起きているのか考える必要があります。

例えば、経済行動を把握するのに経済指標を目にすることがあるでしょう。この経済指標は、取得されたデータ（原数値）とともに、自然条件や月ごとの日数や休日数の違い、社会制度や習慣から由来した影響などの「季節変動」を除いたデータ（季節調整値）を見るのが一般的です。

周期性を認識せずに分析すると、誤った結論につながる関係性を示す可能性があるため注意が必要です。周期性を除去し純粋なトレンドを把握したいときは、先述の移動平均の間隔をその周期に合わせて設定するとよいでしょう。

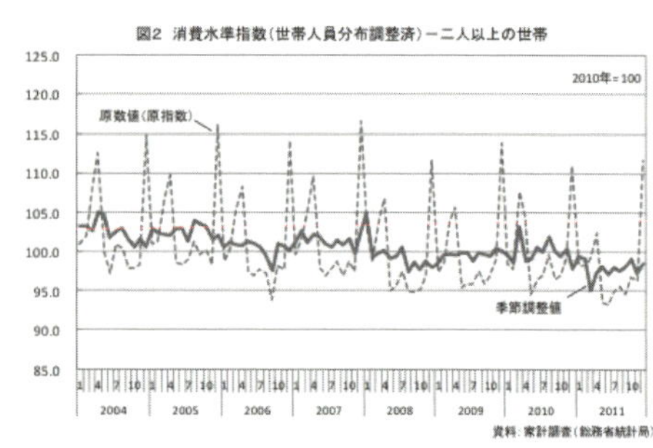

出典：http://www.stat.go.jp/naruhodo/15_episode/toukeigaku/kisetu.html

● スキルを高めるための学習ポイント

- 時系列データにはどのようなものがあるかを把握しましょう。
- トレンドや周期性を理解するための手法を押さえておきましょう。
- 世の中の一般的なイベントやカレンダー情報を分析で活用してみましょう。

DS219 テキストデータに対する代表的なクリーニング処理(小文字化、数値置換、半角変換、記号除去、ステミングなど)をタスクに応じて適切に実施できる

あらゆる分析やモデリングで前処理を行いますが、テキストデータを扱う場合、必要不可欠なものとなります(DE47参照)。

データの種類にかかわらず、前処理の主な目的は、対象となるデータの特徴を際立たせることですが、テキストデータの場合、不必要な特徴が残ることが多く、その程度を抑えないと本当に捉えたい特徴の邪魔をしてしまいます。そこで、不必要なテキストデータの特徴を抑える際に必要な**クリーニング処理**の代表例として、ここでは、小文字化、数値置換、半角変換、記号除去、ステミングを紹介します。

AIなどコンピュータ上でテキストデータを分析する場合は、テキストに含まれる文字や単語に対して分析を行うことが一般的です。その際に、AIなどは文字や単語の意味ではなく文字コードと呼ばれるコンピュータ固有の識別コード体系によって違いを見るため、例えば、「1」(半角の数字の1)と「１」(全角の数字の1)のような2つの文字をまったくの別物と捉えてしまいます。他にも、大文字・小文字の違いも、AIにとっては大きな違いとして解釈されます。そのため、半角に統一する**半角変換**、小文字に統一する**小文字化**といった手法で、テキストクリーニングをしていきます。

分析目的によっては、文章中の数字の大小や記号の有無、時制が大きな意味を持たない場合があります。例えば、「私はAIモデルの構築に10時間を費やす。」(学習したのはAIモデル)と「私はAIモデルの勉強に3時間を費やした！」(学習したのは私)という文章に対して、学習する主体が私かAIモデルのいずれかを文章から判別するというタスクを考えます。この場合、学習時間の差や文末の「！」の有無、「費やす」と「費やした」という時制の違いによって学習する主体が変わるわけではないので、これらは不要な特徴と考えることができます。

この際に、例えば、数字をすべて0に置き換える**数値置換**や、「！」や「。」を消去する**記号除去**を行ったうえで、時制などによる単語の一部の変化をなくし表記を統一する**ステミング**を行うと不要な特徴がなくなり、分析目的に沿った文章の意味である「構築」と「勉強」の違いを浮き彫りにすることができます。

● スキルを高めるための学習ポイント

- 今回紹介したテキストの前処理方法は一通り覚えておきましょう。
- さまざまな文章に対してどのような前処理ができるかを考えてみましょう。

スキルカテゴリ 言語処理　**サブカテゴリ** 言語処理

DS220 | 形態素解析や係り受け解析の概念を説明できる

テキストデータを分析する場合、基本的には文章を単語などに分割し、その単語の種類や並び方の傾向を解析します。このとき、英語だと単語と単語の間にスペースがあるので、文章を単語に分割することは容易です。しかし、日本語は文章中で単語が明示的に区切られていないため、文章に含まれる単語の区切りに空白を挟み、正しく分割して記述する分かち書きと呼ばれる表記にするのが非常に大変です。

文章を**形態素**と呼ばれる意味のある最小の塊に分割し、それぞれの形態素に関して品詞を把握する作業を**形態素解析**といいます。これによって、文章の特徴をその文章に含まれる形態素の種類や数という形で把握できるようになります。

(例)これは美味しいです。
→これ(名詞) は(助詞) 美味しい(形容詞) です(助動詞)。(記号)

日本語の形態素解析は先述の通り、英語の場合と比べて手間がかかるため、自分で分割ルールを設定するのではなく、公開されている形態素解析器を使うことが一般的です。代表的な形態素解析器には、**MeCab**や**Janome**、**JUMAN**などがあります。

また、形態素解析は、品詞の把握以外にも機械学習モデルで文書を分析するための前処理の一環として行われる場合もあります(DE47参照)。文章を形態素のリストへと変換し、各形態素を何らかの方法で数値化することができれば、機械学習モデルの入力に適した数字の集まりであるDS18や19で紹介した**ベクトル**の形へと変えることができるためです。

文の特徴をさらに細かく分析する場合、形態素どうしや複数の形態素の集まりである文節どうしがどのように関連しているか、文の中でどのような役割なのかを考えなければいけない場合があります。このような、文章中の形態素や文節の関係性などを分析することを**係り受け解析**といいます。係り受け解析も形態素解析と同様に、一般に公開されている**KNP**や**CaboCha**などの係り受け解析ツールを利用できます。

なお、形態素解析器や係り受け解析ツールは、使用するツールによって出力結果が異なる場合があります。得られた結果や特徴、実装のしやすさなどを比較して、分析に使う形態素解析器や係り受け解析ツールを選ぶようにしましょう。

● スキルを高めるための学習ポイント

- 形態素解析や係り受け解析についてどのようなものか理解しましょう。
- 代表的な形態素解析器や係り受け解析ツールを使用し、特徴を理解しましょう。

DS235 画像のデジタル表現の仕組みと代表的な画像フォーマットを知っている

画像のデジタル表現に用いられる仕組みは、「標本化(サンプリング)」と「量子化」のプロセスで行われます。

標本化は、画像を縦・横それぞれ等間隔の格子状の点に分割する作業で、この格子をピクセル(画素)と呼びます。格子の幅(=サンプリング間隔)が大きいとピクセル数が少なくなるため、ジャギーと呼ばれる階段状のギザギザが現れて全体がぼやけたり、エイリアシングと呼ばれる本来存在しない縞模様(モアレ)が表示されたりします。画像を鮮明に再現するには、ある程度のピクセル数が必要です。

次に量子化は、標本化によってできた画素の濃度を離散値化(レベル化)する作業です。2レベル(1ビット)であれば、濃淡が2段階で表現され、レベルが増えるとより正確に表示されます。標本化と同様、量子化もレベルが少ないとレベルの境界(エッジ)が際立って表示されるため、ある程度の量子化レベルが必要です。一般的には256レベル存在する8ビットがよく用いられます。

これに加え、画像の色と、画像データのフォーマットによって、画像のデータサイズがおおむね決まります。画像の色は、グレーのグラデーションを使ったグレースケールや、色の三原色(RGB：赤緑青)を組み合わせて作ったカラーなどがあります。また、画像データのフォーマットには、JPEG、PNG、BMP、TIFFなどがあり、フォーマットによって圧縮率や圧縮方法が異なります。

データサイエンスにおいては、昨今特に深層学習でデジタル画像を扱うことが増えており、画像のデジタル表現の仕組みを知っておくことが重要です。

また、データ分析やモデル開発にかかる時間を最適化するためにデータサイズを調整することもあるため、表現の仕組みに加え、色やデータフォーマットによるデータサイズの違いも知っておくと分析がはかどります。

また実際の分析では、自分の分析環境で読み取れるデータフォーマットかどうか、フォーマットがそろっていないときに何にそろえるかといったことを判断するための知識も必要です。

参考：アドビ株式会社「画像におけるエイリアシングとアンチエイリアシング」
(https://www.adobe.com/jp/creativecloud/photography/discover/anti-aliasing.html)

スキルを高めるための学習ポイント

- 代表的な画像データのフォーマットを覚えておきましょう。
- ピクセル(画素)など、データサイズに影響のある各項目を理解しておきましょう。

スキルカテゴリ 画像・動画処理　サブカテゴリ 画像処理

DS236 画像に対して、目的に応じて適切な色変換や簡単なフィルタ処理などを行うことができる

カメラを使って取得した画像データを分析に使う場合、そのままの状態で使うことは稀で、さまざまな処理を施すことでデータ分析に役立つ画像の特徴を際立たせます。その一例が色変換などの**画像補正処理**です。近年は、スマホで撮った写真の明るさを変えたり、コントラストを調整して被写体の色がより際立つように補正したりすることが、アプリを使って簡単にできるようになりましたが、画像データの分析でも同じような処理を行います。

画像が持つ特徴を強調するためには、**画像加工処理**もあわせて行うことが一般的です。その代表例として、画像データに含まれるノイズの影響を取り除く**フィルタ処理**があります。AIが画像データを処理する場合、画像を絵としてではなく、それぞれのピクセルに対応する値(濃淡度やRGB値)の集合体として認識します。そのため、こういったフィルタ処理を行わない場合、人から見たらノイズだとわかるような部分もAIはピクセルの値が周囲と大きく異なる特徴的な部分と認識してしまう可能性があり、AIの画像識別精度にも影響してしまいます(DS38参照)。フィルタ処理には他にも、被写体の輪郭(エッジ)を強調するものなどさまざまあり、扱うデータによってそれらをうまく組み合わせていく必要があります。

例えば製造業において、製品の製造過程で取得した画像から製品の欠陥(傷など)を検知する場合、画像の中の欠陥がある箇所を際立たせるために、先述のような、画像補正処理やフィルタ処理、さらに必要に応じて、グレースケールの画像へと変換する**画像変換処理**なども組み合わせて画像の前処理を行っていきます(DE47参照)。

このように前処理を適切に行うことが、データの特徴をつかみやすくし、画像識別精度の高いAIモデルの構築につながります。実際の作業では、AIモデルの学習、画像識別精度の検証を行ったうえで、前処理の方法を再検討するような、トライアンドエラーを繰り返すことが一般的です。したがって、画像処理を適切に効率よく行うために、画像補正方法やフィルタ処理方法の種類やそれぞれの特徴を正しく理解しておきましょう。

参考：国土技術政策総合研究所「国土交通省総合技術開発プロジェクト『災害等に対応した人工衛星利用技術に関する研究』総合報告書 第Ⅱ編 衛星データ利用マニュアル(案) 第1章 衛星データの基礎知識　6.補正処理とデータ処理」
(http://www.nilim.go.jp/lab/bcg/siryou/eiseireport/no2/1-6.pdf)

スキルを高めるための学習ポイント

- 明暗度やコントラストの調整といった、基本的な画像補正を覚えておきましょう。
- ノイズ除去や輪郭強調といった、一般的なフィルタ処理方法を覚えておきましょう。

スキルカテゴリ 画像・動画処理　　サブカテゴリ 画像処理

DS237 画像データに対する代表的なクリーニング処理（リサイズ、パディング、標準化など）をタスクに応じて適切に実施できる

画像データの前処理には、それぞれの画像の特徴を際立たせるフィルタ処理などの他に、複数の画像をまとめたデータセットとして画像を扱う際の**クリーニング処理**もあります（DE47参照）。ここでは、データセット内のすべての画像データを扱いやすくするための方法として、リサイズ、トリミング、パディングを紹介します。

リサイズ	すべての画像の縦横比（アスペクト比）を保った状態、もしくはアスペクト比を固定しない状態（縦か横に画像が引き延ばされる）で拡大・縮小し、画像サイズを変更する
トリミング	画像を特定のサイズになるようにはみ出した部分を切り落とす
パディング	不足する部分を適当な色のピクセルで埋め合わせる

画像データを扱いやすくする処理の例

こういった処理は分析する目的に応じて適切に使い分けたり、組み合わせたりする必要があります。例えば、人の表情を画像から分析するときに、人の顔の部分を拡大する場合は、まず、顔以外の部分をトリミングし、画像を引き延ばすことで顔の表情が歪むのを防ぐため、アスペクト比を固定してリサイズします。このように、画像データのどの部分が分析に必要か、分析する対象が何かによって、トリミングやパディングのどちらが適するか、リサイズする方法はアスペクト比を固定した方が良いかなどを検討していきます。

さらに、画像識別AIモデルの精度向上や学習の効率化に向けては、各ピクセルの濃淡度やRGB値を扱いやすいように、**標準化**や**正規化**と呼ばれる処理を行います（DS88参照）。最大値や最小値を統一する正規化では、すべての値を最大値に対する割合として表現します。そのため対象となるデータの最大値の影響を大きく受けます。よって、データのとりうる値の幅（レンジ）が決まっていなかったり、ほかの値と比べて大きい値である外れ値を含んでいたりするようなデータを扱う場合、最大値や最小値ではなく、平均と分散を統一するような標準化処理を行うことが一般的です（DS89参照）。ここで考えているような画像データの濃淡度やRGB値は最大値や最小値があらかじめ決まっているため、最大値や最小値を統一する正規化を選択するとよいでしょう。

スキルを高めるための学習ポイント

- リサイズ、トリミング、パディング、アスペクト比、標準化の意味をそれぞれ覚え、利用シーンを考えてみましょう。

スキルカテゴリ 画像・動画処理　　サブカテゴリ 動画処理

DS243 動画のデジタル表現の仕組みと代表的な動画フォーマットを理解しており、動画から画像を抽出する既存方法を使うことができる

動画データは、映像データと映像に伴う音声を録音した音声データから成り立っています。映像データは、パラパラ漫画のように複数枚の画像を連続的に表示することで画像に写る人などが動いて見えることを利用して作られています。

映像を構成する一枚一枚の画像をフレーム、一秒間に何枚のフレームを表示するかをフレームレートといい、fps (frame per second)という単位で表します。フレームレートが大きい、つまり一秒間に表示するフレームが多いと、動画に映る対象の動きは滑らかになりますが、その代わりに動画データに含まれる画像データが増えるため、データサイズは大きくなってしまいます。

映像データと音声データは、ともにデータ量を圧縮し、2つのデータを1つにまとめたうえで、コンテナと呼ばれるMP4やAVI、MOVなどの形式(動画フォーマット)で保存されます。使用するPCのOSによって扱いやすい動画フォーマットがあり、例えば、Windowsの場合はAVI、Macの場合MOVが標準的な動画フォーマットです。また、MP4はWindows、Macともにサポートされているため、使用するPCを限定しなくてもよい形式と言えます。

動画データを再生する際は、圧縮された映像データと音声データを、動画フォーマットに応じて復元したうえで再生することで、データサイズを小さく扱いやすいものにしています。このように動画データとして保存する際に、映像データや音声データを圧縮する作業をエンコードといいます。また、保存された動画データを再生する際に、圧縮されたデータを復元する作業をデコードといいます。そして、エンコードとデコードを双方向に行うことができる機器やソフトをコーデックといい、動画フォーマットごとに決まっています。

動画処理では、映像データの仕組みからわかるように、映像の中のフレーム(画像)を取り出し、画像処理へと帰着させることが多く、動画から画像を取り出し編集できるソフトが多く公開されています。また、長時間の動画データや大量の画像データに対して処理を行う場合、膨大な処理作業をプログラミングにより自動化、簡略化することが可能です。例えば、Pythonでは画像や動画処理向けのOpenCVなどのライブラリを使い、大量の動画および画像データをまとめて処理することがよくあります。

スキルを高めるための学習ポイント

- MP4やAVIなどの代表的な動画フォーマットの種類と特徴を覚えておきましょう。
- 映像や音声のコーデックには、どういったものがあるのか調べてみましょう。

スキルカテゴリ 音声・音楽処理　サブカテゴリ 音声/音楽処理

DS245 WAVやMP3などの代表的な音声フォーマットを知っている

耳にする音は、空気の粗密波として周囲に伝わるアナログ情報です。このアナログ情報である波の情報を、マイクを使って「1秒間に何回」といったような数字に変換することで、デジタルデータとして活用できるようになります。

マイクが1秒間に波の情報を数字に変換する回数を**サンプリングレート**（サンプリング周波数）と呼び、44.1kHz（キロヘルツ）や48kHzが一般的です。この値が大きいほど、音波の情報をたくさん取得しているため高音質になりますが、それだけたくさんの情報を取得しているためデータ量も大きくなります。

あるサンプリングレートで取得した音を一つひとつ数字に変える際に、置き換える数字が取ることのできる幅を**量子化ビット数**といいます。例えば、CDの量子化ビット数は16ビットですが、これは音波を2^{16}の幅で数値化することを意味します。量子化ビット数が大きいほどより細かく音波の情報を変換できるため、元の音を損なわずにデータとして保存できます。このように、音波をデジタルデータに変換する流れは、画像データの「標本化（サンプリング）」「量子化」と同じです（DS235参照）。

音波を変換したデジタルデータを1つのファイルに保存する際には、さまざまな方法があります。ここでは、WAV形式とMP3形式の2つを紹介します。

最も単純な保存方法は、取得したすべてのデータを保存する方法で、**WAV**形式と呼ばれます。マイクで取得、変換した情報をそのまま保存するため、高音質であるものの、その分データ量が大きくなってしまいます。

WAV形式のデータ量が大きくなるという弱点を克服するために、**MP3**形式は人間の可聴領域に着目して開発されました。人間が聞こえる音の高さには限界があり、低すぎる音と高すぎる音は聞くことができません。そこでMP3形式では、人間に聞こえない音の情報を取り除くことで、人間が聞いても違いがわからないような状態でありながら、WAV形式よりも少ないデータ量で保存することを可能にしています。

ただし、機械の故障予知を行うために稼働音を分析する際は、人間の聞こえる範囲外の高音や低音が故障予知につながる可能性もあります。このような場合は、録音した音波データをMP3形式で保存するのは避けたほうがよいでしょう。

スキルを高めるための学習ポイント

- 代表的な音波データのフォーマット（WAV、MP3、AIFF、AAC）は、その特徴もあわせて覚えておきましょう。
- データ分析の目的、音の発生環境、保存できるデータ容量を確認し、最適なフォーマットが選べるようになりましょう。

DS251 条件Xと事象Yの関係性をリフト値を用いて評価できる

データに潜むパターンを把握する方法として、条件と事象の共起性・関係性を把握することがしばしば行われます。

まず共起性を測るために共起頻度を把握します。共起頻度とは以下のベン図にあるように、両方の事象が起きている数を指します。

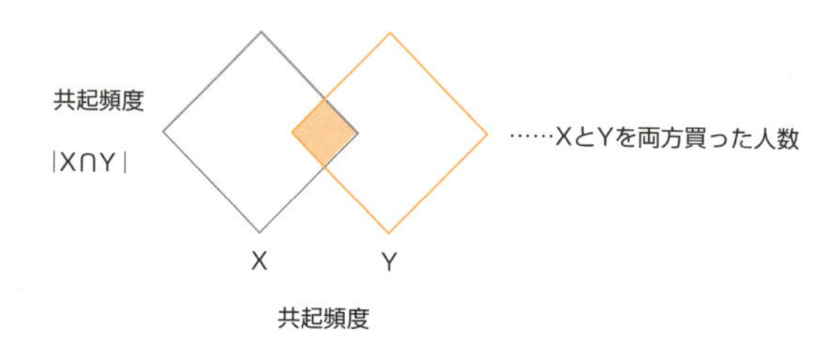

共起頻度

次に、信頼度(Confidence)、支持度(Support)、リフト値(Lift)を用いて関係性を把握します。

信頼度は、事象Xが起こったという条件下で、事象Yが起こる割合を表します。これは、事象同士の結びつきを表現する最も単純な手法です。次に支持度は、全事象の中で、事象Xと事象Yが同時に起こる回数、すなわち共起頻度の割合を表します。

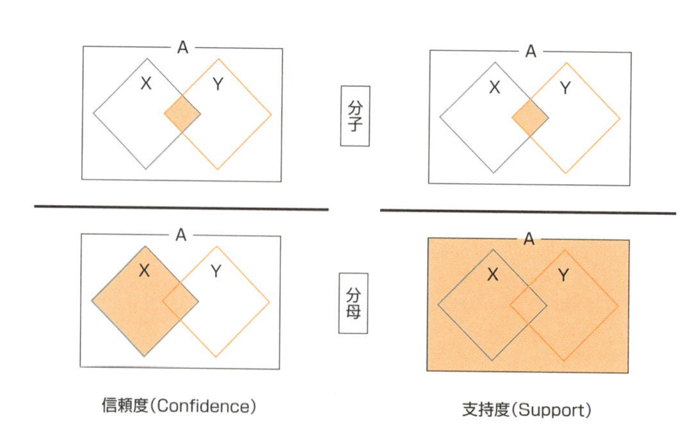

信頼度(Confidence)　支持度(Support)

リフト値は、事象Xが起こったという条件の下で事象Yも起こる確率を、事象Yが起こる確率で割った割合を表します。よって、リフト値は、「ある特定の条件(X)の下でYが起こる確率は、何も条件がない中でYが起こる確率よりどの程度高いか」を示していることがわかるでしょう。

リフト値など、ここで紹介した値は、**アソシエーション分析**と呼ばれる教師なしの機械学習の手法で用いられます。例えば、通販サイトにおける「Xを買った人は、Yも買っている」発見をもとにした**レコメンド**として用いられています。

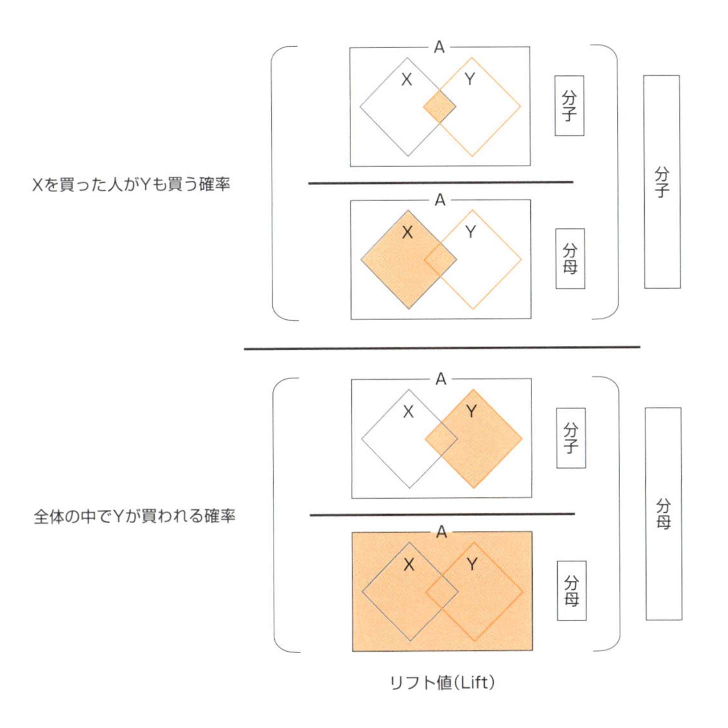

リフト値(Lift)

レコメンドと共起頻度の指標の大きな違いは、XとYに方向性があることです。共起頻度の指標は、XとYを入れ替えることができますが、レコメンドは、XとYに方向性があります。例えばシリーズ物の書籍で、上巻を起点して下巻が共起するのは意味があるレコメンドです。しかし反対に、下巻を起点とすると、ルールとしてはどうでしょうか。事象としてはデータ上発生しますが、レコメンドのアルゴリズム上はフィルタリングしたほうがよいでしょう。

それぞれの値の計算方法と意味を把握し、データの取得背景も考慮することで、把握したルールの中から価値のあるルール(パターン)を見出すことができるようになります(DS153,157参照)。

スキルを高めるための学習ポイント

- 共起頻度と信頼度・支持度・リフト値の概念を理解しましょう。
- レコメンドに用いる場合、順番の考慮が必要なケースがあることを知っておきましょう。

第3章

データエンジニアリング力

スキルカテゴリ 環境構築　　サブカテゴリ システム運用

DE1 サーバー1～10台規模のシステム構築、システム運用を指示書があれば実行できる

ユーザーにサービスを提供するシステムでは、通常、複数台のサーバーを用いて1台のサーバーのように動作させるクラスタ構成がとられます。また、こうした行為をクラスタリング(クラスタ化)と呼びます。

クラスタリングは、拡張性と高可用性という、2つの目的のために行われます。

1. 拡張性(スケーラビリティ)

拡張性とは、使用するサーバーを増やすことで負荷分散を行い、システム全体の性能を高めることです。例えば、1台のサーバーで1秒間に30リクエストを処理できる場合、2台のサーバーを用いることで、1秒間に60リクエストの処理が可能になります。

2. 高可用性(アベイラビリティ)

高可用性とは、1台のサーバーが故障等で使用できなくなっても、他のサーバーが稼働し続けることで、システム稼働を継続させることです。例えば、1台のサーバーの故障する確率が1%とすると、2台のサーバーを用いることで、同時に故障する確率が0.01% (1%×1%)となり、システム全体としての停止リスクを低減でき、結果として稼働率を上げることができます。

また、高可用性を高める構成を、冗長構成と呼びます。冗長構成の代表的なものに、ホットスタンバイ、コールドスタンバイ、ウォームスタンバイがあります。ホットスタンバイは本番機と同期する予備機を用意しておき、障害発生時に即座に切り替えられるようにする構成です。本番機と同期させるために常にサーバを稼動状態にする必要があり、サーバーの維持費用(電気代など)は高くなります。コールドスタンバイは予備機を用意しますが、停止させておくことでコストを下げる構成です。障害発生時は停止状態から稼動させる作業が必要なため、復旧には時間を要します。ウォームスタンバイは、最小限のOSなどのみを起動しておくような、ホットスタンバイとコールドスタンバイの中間的な構成です。提供するシステムに求められる稼動率や許容される費用などから、最適な構成を選択します。

スキルを高めるための学習ポイント

- なぜクラスタ構成が必要なのかを理解しておきましょう。
- 代表的な冗長構成とその特徴を理解しましょう。それぞれの設計書を見比べるとわかりやすいでしょう。

DE2 数十万レコードを持つデータベースのバックアップ・アーカイブ作成など定常運用ができる

データベースのバックアップ方法には、代表的なものとして、フルバックアップ、差分バックアップ、増分バックアップがあります。

1. フルバックアップ

フルバックアップとは、データベース全体のバックアップを取ることです。これ1つでデータ復元(リストア)することができるので、非常に簡便ですが、バックアップに時間がかかるというデメリットがあります。

2. 差分バックアップ

差分バックアップとは、フルバックアップ後に更新されたデータ部分のバックアップを取ることです。データのリストアには、フルバックアップしたデータと、差分バックアップしたデータの2つが必要です。後述する増分バックアップと比較すると、データのリストアは簡便ですが、バックアップにかかる時間が徐々に長くなるというデメリットがあります。

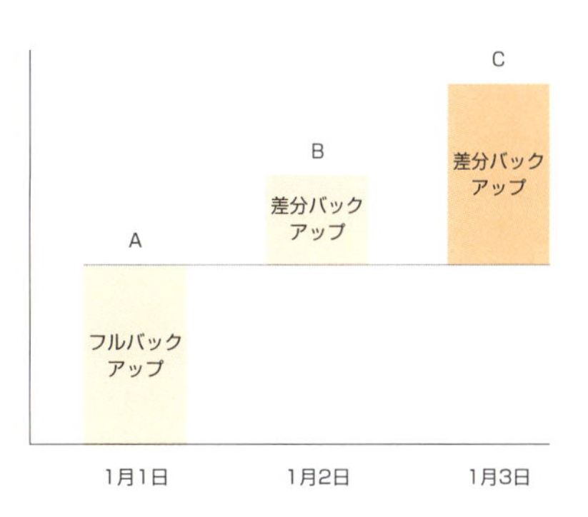

3. 増分バックアップ

増分バックアップとは、前回のバックアップ後に更新されたデータ部分のバックアップを取ることです。データのリストアには、フルバックアップしたデータと、複数の増分バックアップしたデータが必要です。データのリストアは複雑になりますが、増加したデータ量分だけでよいので、バックアップにかかる時間が短いというメリットがあります。

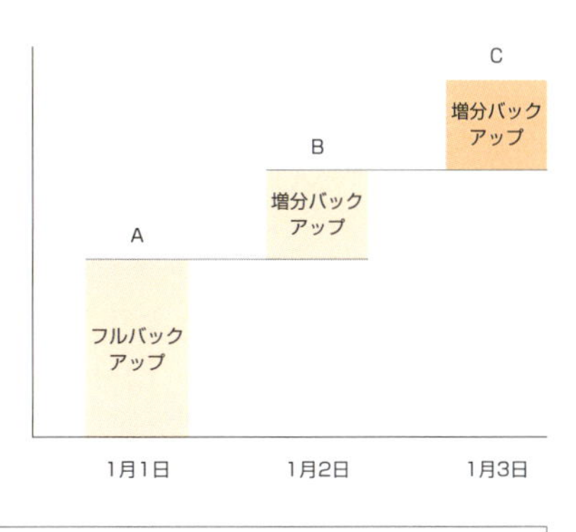

スキルを高めるための学習ポイント

- 基本的なバックアップ手法の特徴とそれぞれのメリットを理解しておきましょう。
- 身近にあるデータベースがどのようなバックアップ手法か調べ、その理由を考えてみましょう。

スキルカテゴリ 環境構築　サブカテゴリ システム企画

DE8 データベースから何らかのデータ抽出方法を活用し、小規模なExcelのデータセットを作成できる

基本的なデータベースでは、データ抽出(エクスポート)方法が用意されています。データサイエンスにおいて、小規模な分析作業では、こうした方法で取得したデータをExcelで読み込ませて使用することが一般的です。その際のデータ抽出のフォーマットには、カンマ区切りのCSV (Comma-Separated Values)や、タブ区切りのTSV (Tab-Separated Values)といったフォーマットがよく用いられます。

データベースからデータを抽出し、Excelを用いて分析するという流れは、非常に簡便でよく用いられますが、いくつか注意しなければならないこともあります。

1. 意図しない形で読み込まれる

例えば、データベース内のデータに「カンマ」が含まれている場合に、CSV形式でデータをエクスポートすると、データによっては意図しないところでカラムが分割されてしまうことがあります。また、Excelが自動的にデータの型を認識するため、文字列の「3」としていたつもりが、数値の「3」となってしまったり、文字列として「=XXXX」や「-XXXX」としていたつもりが、数式として認識されることで「#NAME?」と表示されてしまったりします。特に後者の「-XXXX」の場合、データそのものが「=-XXXX」と変更されるので注意が必要です。

2. 読み込み可能な行数に制限がある

Excelのバージョンや使用しているパソコンのスペックにもよりますが、おおよそ100万行までしかExcelでは読み込むことができません。それ以上の行数のデータを読み込ませると、データが欠損することがあるので注意が必要です。

3. 元のデータベースと連動しない

データベースからのデータ抽出はコピーを作成する行為なので、元のデータベースがアップデートされたとしてもExcelには反映されず、再度データ抽出からやり直す必要があります。また、当然のことながら抽出されたデータをExcel上で加工したとしても、元のデータベースには反映されないので注意が必要です。

● スキルを高めるための学習ポイント

- データ抽出の際によく使うフォーマット(CSVやTSVなど)を覚えておきましょう。
- Excelを用いる場合の注意点を理解して、実践してみましょう。

DE9 オープンデータを収集して活用する分析システムの要件を整理できる

オープンデータとは、国、地方公共団体及び事業者が保有する官民データのうち、誰もがインターネット等を通じて容易に利用(加工、編集、再配布等)できるよう、次のいずれの項目にも該当する形で公開されたデータのことです。

1. 営利目的、非営利目的を問わず二次利用可能なルールが適用されたもの
2. 機械判読に適したもの
3. 無償で利用できるもの

したがって、「インターネット上にあるデータ＝オープンデータ」というわけではないので注意しましょう。

データサイエンスにおいて、データを集めることや、それを処理しやすいように加工することは、重要かつ時間がかかる作業ですが、オープンデータを活用できれば、これらの作業にかかる時間を削減することができます。

オープンデータは、政府や自治体から多数公開されています。以下に、いくつか例を提示します。

「DATA.GO.JP」(https://www.data.go.jp/)
「e-Stat」(https://www.e-stat.go.jp/)
「国土数値情報ダウンロード」(https://nlftp.mlit.go.jp/ksj/)
「RESAS」(https://resas.go.jp/)

また、公共交通機関の時刻表や路線情報もオープンデータとして開示されています。多くのルート検索サービスなどは、このような情報を用いてサービスを作成しています。

スキルを高めるための学習ポイント

- オープンデータとは何かを理解しましょう。
- 実際にオープンデータを見て、どのようなデータが公開されているかを確認しましょう。

スキルカテゴリ データ収集　　サブカテゴリ クライアント技術

DE29 対象プラットフォームが提供する機能(SDKやAPIなど)の概要を説明できる

SDKとは、Software Development Kitの略で、ソフトウェア開発キットとも呼ばれます。SDKには、対象プラットフォームを使用するための説明書、プログラム、API、サンプルコードなどが含まれていることが一般的です。プログラミング言語のJavaで、ソフトウェア開発を行うときに用いられるJDK(Java Development Kit)は、有名なSDKの1つと言えます。

APIとは、Application Programming Interfaceの略で、その名の通りアプリケーションをプログラミングするためのインターフェースとなるものです。APIを利用することで、対象のプラットフォームが持つ機能を、別のプログラムから呼び出して利用することができます。APIにはさまざまな形態があり、以下に挙げるものはすべてAPIに含まれます。

- C言語の関数
- Javaのclass
- REST API

APIは形態によって使用手順などが大きく異なるため、注意が必要です。例えば、C言語の関数という形で提供されているAPIの場合、多くはライブラリと呼ばれる形で提供され、コンピュータ上で実行可能な形式に変換(コンパイル)して使用します。

APIを利用するメリットの1つは、外部ソフトウェアとの連携が容易になることです。例えば、Windows上で動作するアプリケーションを作成するのであれば、Win32 API/Win64 APIを用いることで、簡便にWindowsが持つ各種機能を使用できます。その結果、アプリケーション開発にかかる時間やコストを削減できることも、APIのメリットだと言えるでしょう。

スキルを高めるための学習ポイント

- SDKとAPIの意味やメリットを一通り理解しましょう。
- 公開されているSDKやAPIを実際に触ってみましょう。

DE30 Webクローラー・スクレイピングツールを用いてWebサイト上の静的コンテンツを分析用として収集できる

Webクローラー・スクレイピングツールとは、インターネット上に公開されているWebページの情報を収集するプログラム・ツールのことです。

Webページには、静的コンテンツと動的コンテンツがあります。

静的コンテンツ(静的ページ)は、いつどこでアクセスしても同じWebページが表示されるコンテンツのことです。これはWebサーバー上に設置されたHTMLファイルがそのまま返却され表示される仕組みであり該当のHTMLファイルがサーバー管理者等によって更新されない限りは、必ず同じコンテンツが取得でき、表示されます。

動的コンテンツ(動的ページ)は、アクセスした際の状況に応じて異なるWebページが表示されるコンテンツのことです。これは、Webページ要求時の情報をWebサーバーに送信し、Webサーバー上で動的にHTMLファイルを生成することで実現されています。例えば、Web検索では、ユーザーにクエリ文字列を入力させ、Webページ要求時にそのクエリ文字列を送信することで、検索結果という形でWebページを生成し表示しています。

昨今、有償・無償のWebクローラー・スクレイピングツールが数多く出回っており、非エンジニアでもWebサイト上の情報を入手しやすくなりました。一般的には、静的コンテンツはデータ収集の難易度が低く、動的コンテンツのほうが難易度が高いといえます。しかし、最近では、動的コンテンツを収集できるスクレイピングツールも出てきています。

一方で、Webクロールは、実際に対象のWebページを持つWebサーバーにアクセスするので、やり方を間違えるとWebサーバーに大きな負荷を与えることになります。つまり、場合によっては、サーバーを攻撃する行為となりかねないので注意が必要です。

また、Webページの利用規約等で、Webページの情報を用いてもよいかが記載されているケースもありますので、Webページの情報利用可否という観点で問題ないか確認する必要があります。

スキルを高めるための学習ポイント

- Webクローラー・スクレイピングツールでデータ収集する際の注意点を理解しておきましょう。
- 実際にWebクローラー・スクレイピングツールを用いてデータを収集してみましょう。

スキルカテゴリ データ収集　　サブカテゴリ 通信技術

DE35　対象プラットフォームに用意された機能(HTTP、FTP、SSHなど)を用い、データを収集先に格納するための機能を実装できる

多くのプラットフォームは、その機能を用いるために、さまざまな通信プロトコルを用意しています。通信プロトコルとは、通信を行うための規格のことであり、規格に則って手順を踏むことで、正しくやりとりができるようになります。

インターネット上で使用されている通信プロトコルのうち、代表的なものを以下に示します。

通信プロトコル	概要
HTTP	Hyper Text Transfer Protocolの略で、主にWebブラウザがWebサーバーと通信する際に使用される通信プロトコル
HTTPS	HTTP Secureの略で、上記HTTPの通信がSSLやTSLで暗号化され、盗聴や改ざん、なりすましを防止できる通信プロトコル
FTP	File Transfer Protocolの略で、主にネットワーク上のクライアントとサーバーとの間でファイル転送を行うための通信プロトコル
SSH	Secure Shellの略で、暗号や認証の技術を利用して、安全にコンピュータ間で通信するための通信プロトコル
Telnet	端末から遠隔地にあるサーバー等を操作する際に使用される通信プロトコル

インターネット上の代表的な通信プロトコル

HTTPの場合は、GET、POST、PUT、DELETEなどのメソッドと呼ばれる操作手続きを持っています。例えばGETは、サーバーから情報を取得してくるときに使用し、次のような形で「?」以降に送信したいデータを付与して用いられます。

http://localhost:8080/index.html?hoge=hoge

このように、通信プロトコルにはそれぞれ規格があります。それに則ることで、プラットフォームに対して同一の手順で、正しくやり取りをすることができます。

スキルを高めるための学習ポイント

- 代表的な通信プロトコルがそれぞれどのような目的で存在するのかを理解しましょう。
- HTTPSやFTP、SSHなどは、機会があれば実際に使ってみましょう。

DE47 扱うデータが、構造化データ（顧客データ、商品データ、在庫データなど）か非構造化データ（雑多なテキスト、音声、画像、動画など）なのかを判断できる

構造化データとは、データの関係性が明確になっているデータであり、ExcelやRDBなどのように、「列」と「行」の概念で表すことができるデータです。例えば、以下のような顧客データは、構造化データと言えます。

ID	名前	年齢	性別
0001	山田太郎	30	男
0002	山田花子	28	女
0003	高橋一郎	38	男

構造化データの例

「列」と「行」という概念は、上記のようなテーブルでのみ表現されるわけではなく、JSON・XML・CSV・TSVといったデータフォーマットで表現されることもあります。

例えばJSONであれば、以下のような形で記述されます。

```
{"key1" : "value1", "key2" :" value2", "key3" :" value3"}
```

非構造化データとは、構造化データとは異なり、データの関係性が明確になっていないデータです。例えば、音声、画像、動画などは、上記のように「列」と「行」という概念で表せないため、非構造化データと言えます。

データサイエンスにおいては一般的に、非構造化データは前処理でタグ付けや抽出処理を行うことで、構造化データに変換して利用します（DS219,220,236,237参照）。そのため構造化データより非構造化データのほうが、活用のためのハードルは高くなります。

スキルを高めるための学習ポイント

- 構造化データ・非構造化データの違いを理解し、それぞれどういったデータがあるか理解しましょう。

スキルカテゴリ データ構造　　サブカテゴリ 基礎知識　　頻出

DE48 ER図を読んでテーブル間のリレーションシップを理解できる

ER図とは、Entity Relationship Diagramの略で、実体関連モデル、実体関連図などとも呼ばれ、主に関係データベースの構造を可視化するために用います。

ER図では、データのまとまりをエンティティ、その詳細をアトリビュートと呼び、以下のような形式で記述します。

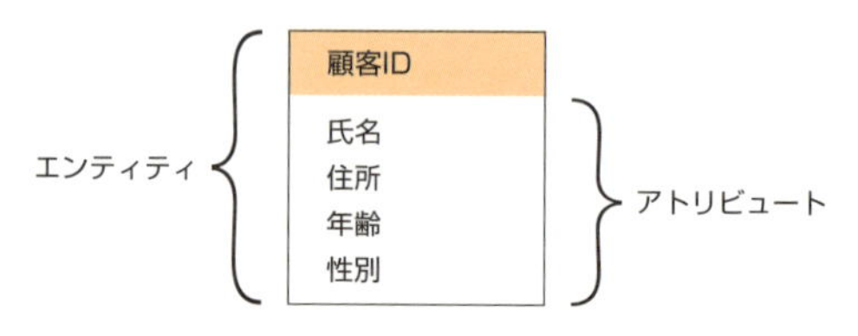

エンティティとアトリビュート

また、エンティティ間のつながりをリレーションと呼び、線でつなぐことで表現します。その際にエンティティ間の関係性(「1対1」「1対多」「多対多」)を結合部分の形で表現し、これをカーディナリティ(多重度)と呼びます。カーディナリティは、例えばEQ図の代表的な記法の1つであるIE記法だと、以下のような記号を用いて表現されます。

記号	意味
○	0(ゼロ)
|	1
─<	多

カーディナリティの記法

例えば、顧客IDと注文IDが1対0以上の関係だった場合は、以下のように書きます。

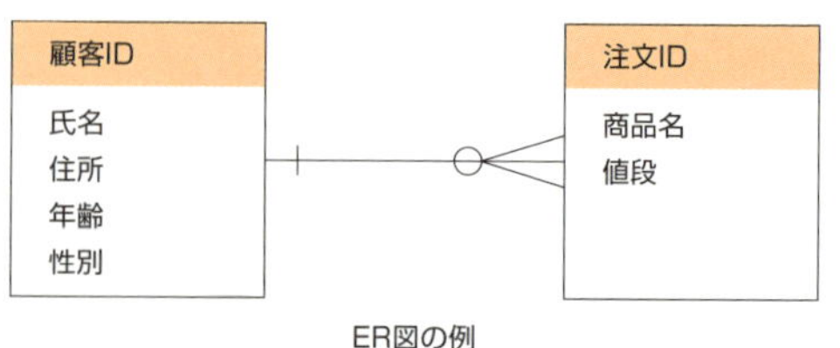

ER図の例

スキルを高めるための学習ポイント

- ER図に関する基本的な用語や記法について調べて理解しましょう。
- 簡易なデータベース設計をER図で書いてみましょう。

スキルカテゴリ データ構造　　サブカテゴリ テーブル定義　　頻出

DE51 正規化手法(第一正規化～第三正規化)を用いてテーブルを正規化できる

データの重複をなくし、各種データ操作を行ってもデータに不整合が起きないようにすることを、データベースの**正規化**と呼びます。正規化には、**第一正規化**、**第二正規化**、**第三正規化**といった手法があります。

正規化を行うにあたって、以下の用語を理解する必要があります。

<table>
<tr><th>用語</th><th>意味</th></tr>
<tr><td>候補キー</td><td>テーブル上で任意のレコードを特定するためのカラムの集合のことです。MySQLなどのRDBでは主キーと呼ばれます。</td></tr>
<tr><td>非キー属性</td><td>候補キー以外のカラムのことです。</td></tr>
<tr><td>関数従属性</td><td>特定のカラムAの値が決まった際に、別のカラムBの値も決まるような関係性のことを指します。
顧客IDが001であった場合に、顧客名が山田太郎と特定できる場合、顧客名は顧客IDに関数従属していると言えます。</td></tr>
<tr><td>部分関数従属性</td><td>候補キーが複数カラムで構成されている際に、非キー属性のカラムが、候補キーの一部に関数従属している関係性のことを指します。以下のようなテーブル(候補キーは顧客IDと注文IDと商品)があった場合に、ノートは120円といったように、特定カラムの値が決まると、別カラムの値も決まるため、関数従属しており、かつ、この関数従属は候補キーの一部(商品)について成り立つため、価格は商品に部分関数従属していると言えます。
<table>
<tr><th>顧客ID</th><th>注文ID</th><th>商品</th><th>価格</th><th>購入数</th></tr>
<tr><td>001</td><td>AA</td><td>ノート</td><td>120円</td><td>2</td></tr>
<tr><td>001</td><td>BB</td><td>えんぴつ</td><td>80円</td><td>5</td></tr>
<tr><td>001</td><td>CC</td><td>消しゴム</td><td>90円</td><td>1</td></tr>
</table>
</td></tr>
<tr><td>推移従属関係</td><td>非キー属性のカラムAが、非キー属性のカラムBに関数従属している関係性のことを指します。
以下のようなテーブル(候補キーは商品)があった場合に、カテゴリIDが001は文具といったように、特定カラムの値が決まると、別カラムの値も決まるため、関数従属しており、かつ、両カラムとも非キー属性のためカテゴリ名はカテゴリIDに推移従属していると言えます。
<table>
<tr><th>商品</th><th>価格</th><th>カテゴリID</th><th>カテゴリ名</th></tr>
<tr><td>ノート</td><td>120円</td><td>001</td><td>文具</td></tr>
<tr><td>えんぴつ</td><td>80円</td><td>001</td><td>文具</td></tr>
<tr><td>消しゴム</td><td>90円</td><td>001</td><td>文具</td></tr>
<tr><td>米</td><td>2200円</td><td>002</td><td>食品</td></tr>
</table>
</td></tr>
</table>

1. 第一正規化

第一正規化とは、以下のように、繰り返される項目を別項目として切り出すことです。また、切り出される前の状態を**非正規化**と呼びます。第一正規化が行われると、レコード単位の情報となるため、データベースに格納ができるようになります。

顧客ID	注文ID	注文ID
0001	AA	BB
0002	CC	

顧客ID	注文ID
0001	AA
0001	BB
0002	CC

2. 第二正規化

第二正規化は、第一正規化が行われた状態で、部分関数従属が存在しない状態にすることです。候補キーが注文ID、商品IDである以下のような第一正規化されたテーブルがあるとします。このテーブルでは注文IDに部分関数従属されている部分と、商品IDに部分従属されている部分があります。

注文ID	顧客ID	顧客名	日付	商品ID	商品名	価格	数量
0001	00A	A社	6/1	00X	ノート	120円	5
0001	00A	A社	6/1	00Y	鉛筆	80円	3
0001	00A	A社	6/1	00Z	消しゴム	90円	2
0002	00B	B社	6/20	00X	ノート	120円	4
0002	00B	B社	6/20	00Z	消しゴム	90円	1

これを次のような形に分割すると、部分関数従属される部分がなくなり、第二正規化されたと言えます。

注文ID	顧客ID	顧客名	日付
0001	00A	A社	6/1
0002	00B	B社	6/20

注文ID	商品ID	数量
001	00X	5
001	00Y	3
001	00Z	2
002	00X	4
002	00Z	1

商品ID	商品名	価格
00X	ノート	120円
00Y	鉛筆	80円
00Z	消しゴム	90円

3. 第三正規化

第三正規化は、第二正規化が行われた状態で推移関数従属が存在しない状態にすることです。先の例でいうと、顧客名は顧客IDに推移関数従属していると言えます。

注文ID	顧客ID	顧客名	日付
0001	00A	A社	6/1
0002	00B	B社	6/20

これを以下のような形で分割すると、推移関数従属している部分がなくなり、第三正規化されたと言えます。

注文ID	顧客ID	日付
0001	00A	6/1
0002	00B	6/20

顧客ID	顧客名
00A	A社
00B	B社

それぞれの正規化の条件をまとめると、以下のとおりです。

第一正規化	・繰り返される項目がない ・レコード単位の情報になっている
第二正規化	・第一正規化の条件を満たしている ・部分関数従属がない
第三正規化	・第二正規化の条件を満たしている ・推移関数従属がない

正規化が進むとデータの冗長性が軽減され、データの不整合は起きにくくなりますが、複数のテーブルに分割されるため検索効率は悪化します。ゆえに、実務では、システムに要求されるパフォーマンスなども踏まえ、正規化の程度を決める必要があります。

スキルを高めるための学習ポイント

- 正規化に関する用語の意味を理解しましょう。
- 実際に非正規化テーブルを正規化してみましょう。

DE58　DWHアプライアンス（Oracle Exadata、IBM Integrated Analytics System、Teradataなど）に接続し、複数テーブルを結合したデータを抽出できる

企業のデータ分析においては、データの蓄積や集計を行う環境として、業務システムの基幹DBとは別に、DWH（データウェアハウス）を用意していることが一般的です。

DWHとして利用されるアーキテクチャについては、一般的なRDBMS（リレーショナルデータベース管理システム）を使う場合の他に、データ分析で必要な加工集計処理に対して、大量のデータを高速に処理できるように設計されたDWHアプライアンスやDWH用のクラウドサービスなどがあります。このように、企業でデータ分析を行う場合、機能面で優れ、サポートも受けられる、エンタープライズ用途で有償のDWHが採用されます。分析用途で採用される代表的なDWHアプライアンスには、Oracle ExadataやIBM Integrated Analytics System、Teradataなどがあります。

DWHアプライアンスは製品ごとに、それぞれ高速化するための独自の工夫がされています。サーバーを構成しているパーツや基盤の設計、並列分散処理のためのノード間の連携方式、データの保持方式（カラム指向型DBやインメモリDB）など、一般的なRDBMSとは異なったアーキテクチャとなっています。

ここでは特に代表的な例として、カラム指向型DBについて取り上げます。一般的なRDBMSは行指向型DBで、データを行単位で保持しており、トランザクションが発生するたびに、行単位で対象レコードを特定し、データの追加、変更、削除等が行われる仕組みになっています。

それに対して、カラム指向型DB（列指向型DB）では、列単位でデータを蓄積しています。列方向に大量にあるデータに対して、特定の列だけを集計・抽出するようなデータ分析や、統計処理などを効率的に行うことができます。

カラム指向型DBは1行単位のレコードに対するトランザクション処理などには向いていません。DWHアプライアンスは、大量データの結合・集計・抽出における処理能力に特化した独特なアーキテクチャを採用しているため、一般的なRDBMSに比べて苦手としている分野もあることに注意が必要です。

スキルを高めるための学習ポイント

- DWHとRDBMSの目的や用途の差異、メリット・デメリットについては最低限理解しておきましょう。
- DWHアプライアンスについて、機会があればいずれかの製品を使ってみましょう。

DE60 Hadoop・Sparkの分散技術の基本的な仕組みと構成を理解している

HadoopやSparkの分散技術とは、ネットワークで接続した複数のコンピュータで、分担して処理を行う技術です。一般的なRDBMSと比較して、対象データが大規模で更新が少なく、構造が変化しやすい場合に向いています。また、処理の性能を上げたい場合は、ノード数を増やすという方法で対応できるのも特徴です。

Hadoopは、実際には複数サービスを組み合わせたもので、多様な環境構成になっています。Sparkもまた同様で、Hadoop関連プロジェクトに含まれており、環境構成のパターンがより複雑になります。そのためここでは、基本かつ主要なパターンに限定し、概要を紹介します。

分散技術として特徴的な機能であり、Sparkでも用いられるHadoopベースの技術としては、大規模クラスタ上の分散ファイルシステムであるHDFS（Hadoop Distributed File System）と、分散技術における汎用的なクラスタ管理システムであるYARNがあります。

HDFSは、複数ノードのストレージに分散してデータを保存することによって、1ノードのストレージ容量を超えるデータを蓄積・利用できる仕組みです。巨大なファイルを高スループットで提供できる点がメリットですが、小さなファイルを大量に扱う場合や、低レイテンシ（データ転送などにかかる応答が早く遅延が少ないこと）が求められる場合には向いていません。

Hadoopのデータ処理の仕組みであるMapReduceアプリケーションは、ノードのストレージが通常メモリに比べて大きく、巨大なデータを処理できるのがメリットです。デメリットとしては、ノードのストレージに対する読み書きが何度も発生し、ストレージはメモリに比べて読み書きが遅いので、反復的な処理などに弱い点が挙げられます。

なお、Sparkでは、RDD（Resilient Distributed Dataset）等の仕組みを用いたメモリ上での分散処理によって、メリットとデメリットがMapReduceと逆になります。実際の操作はRDDよりも、DataFrameやDataSetといったインターフェースを使ってプログラミングすることが多くなります。

スキルを高めるための学習ポイント

- 分散技術とRDBMSの違い、メリットとデメリットを押さえておきましょう。
- 活用範囲が広く、進歩や変化も早い技術であるため、最新情報を調べておきましょう。
- 本書では割愛したYARNの特徴などについても勉強しておきましょう。

スキルカテゴリ データ蓄積　　サブカテゴリ 分散技術

DE61

NoSQLデータストア(HBase、Cassandra、Mongo DB、CouchDB、Redis、Amazon DynamoDB、Cloudant、Azure Cosmos DBなど)にAPIを介してアクセスし、新規データを登録できる

NoSQLデータストアとは、一般的なRDBMSとは異なるデータベース管理システムの総称です。データサイエンティストは、RDBMSだけでなく、SQL以外の方法で操作することが多いNoSQLデータストアに対して、データ蓄積やその利用などができるスキルが求められます。代表的なNoSQLデータストアには、スキルチェック項目に記載にあるように、HBase、Cassandra、Mongo DB、CouchDB、Redis、Amazon DynamoDB、Cloudant、Azure Cosmos DBなど多数存在します。

各種NoSQLデータストアによく見られる特徴として、代表的なものには、以下のようなポイントが挙げられます。ただし、NoSQLデータストアによっては、必ずしもこれらの特徴が当てはまらない例外が存在しますので、詳しくは個別に調べるようにしましょう。

- ・SQL以外の方法で操作する必要がある
- ・テーブル構造に固定化されない
- ・ハードウェアの拡張性(スケーラビリティ)が高く、より大規模なデータを取り扱える
- ・低レイテンシである処理に強い

NoSQLデータストアの1つでHadoop関連技術であるHBaseを見てみると、大規模なデータに対してリアルタイムに読み書きする処理に強く設計されています。HBaseは、同じくHadoop関連技術のHDFS上に列ベース(より正確には列ファミリーベース)の分散データベースとして構築されます。

HBaseを使ってデータの投入や必要なデータの抽出を行う場合、HBaseに用意されているJava APIを利用します。put、get、scan等のコマンドを使用して、各種データ操作を行うことが可能です。

他のNoSQLデータストアについてもこのようなAPIが用意されることが一般的ですが、いずれもSQLとは異なる取り扱い方になるので、注意して利用するようにしましょう(DE29,92,106参照)。

スキルを高めるための学習ポイント

- NoSQLデータストアに用意されている、Java、Python等のプログラミング言語に対応するAPIの主要なコマンドについて調べておきましょう。
- HBase以外の各種NoSQLデータストアの特徴も理解し、どのような要件や状況で有効かをそれぞれ確認してみましょう。

スキルカテゴリ データ蓄積　　サブカテゴリ クラウド

DE67 | クラウド上のストレージサービス(Amazon S3、Google Cloud Storage、IBM Cloud Object Storageなど)に接続しデータを格納できる

企業のビジネスによって違いはありますが、データ活用のためのビジネスデータを蓄積する際に、通常は大量のデータが発生したり、非構造化データを取り扱う必要が出てきたりします。そのような場合、一般的なRDBMSにデータをすべて入れるのではなく、さまざまな形式のデータを蓄積できるストレージに、一旦データを蓄積しておく必要があります。

特にクラウドのストレージサービスは、契約さえすればすぐに利用できて、かつ安価であるため、データ活用目的以外でも、多くの企業で利用されています。

クラウド上の代表的なストレージサービスには、スキルチェック項目に記載にあるように、Amazon S3、Google Cloud Storage、IBM Cloud Object Storageなどが存在します。

クラウドサービスはすぐに利用でき非常に便利な反面、注意点もあります。例えば、インターネットとつながっているストレージにデータを置くことになるので、アクセス権限設定を見落としてしまうと、気付かずに、社外からアクセスできる状態になっていることもあります。このように、セキュリティ面については、有識者にも確認してもらった上で設定するようにしましょう。

実際にクラウド上のストレージサービスに接続し、データを格納できるためには、具体的に以下のようなスキルが必要です。

- 会社のサーバーやPCからクラウドサービスにアクセスできること
- その中のストレージサービスにアクセスできること
- クラウドサービスのインターフェースを利用してデータファイルを格納できること

スキルを高めるための学習ポイント

- クラウドサービス上のストレージサービスとその操作について理解しておきましょう。
- セキュリティ設定やネットワーク負荷、従量課金などクラウドサービス特有の注意点についても理解しておきましょう。

スキルカテゴリ データ加工　サブカテゴリ フィルタリング処理　頻出

DE76 数十万レコードのデータに対して、条件を指定してフィルタリングできる(特定値に合致する・もしくは合致しないデータの抽出、特定範囲のデータの抽出、部分文字列の抽出など)

例えばある店舗で、1日の売り上げ目標を100万円に設定していたとします。販売データを分析して、目標を超えた日がどのくらいあるか調べたい場合に、「日別売り上げ>100万円」というような絞り込みを、任意のツールと条件でフィルタリング処理するスキルは、データ分析には必須のスキルです。

「数十万レコードのデータ」に対して加工を行うことができるレベルを想定していますが、これは最低限、ExcelやBIツール、SQLなどを使って、データ加工業務が問題なく行える水準を意味しています。したがって、Excel、BIツール、SQLによる初歩的な操作を修得することを目指していただくとよいでしょう(DE100参照)。

ExcelやBIツールであれば、フィルタリング処理をするボタンなどが用意されています。使い方を調べれば使えるようになるでしょう。少し複雑なフィルタリング処理がしたい場合には、コマンドでの操作が求められる場合もありますので、コマンドについても学んでおく必要があります(DE121参照)。

SQLでは、WHERE句を用いて絞り込みを行います。さらに、IN・LIKE・BETWEEN・AND・ORなどを利用して、特定値に合致するものや、特定範囲のデータを抽出する方法についても知っておきましょう。

またフィルタリング処理は、単独で用いるのではなく、集計処理や結合処理などと組み合わせて使用することもあります。そのため、その他の「データ加工」スキルと組み合わせて理解しておくことが重要です(DE105参照)。

演算子	条件
AND	設定したカラムの値が、2つ以上の条件のいずれも満たすようなデータを検索・抽出
OR	設定したカラムの値が、2つ以上の条件のいずれかを満たすようなデータを検索・抽出
IN	設定したカラムの値が、IN句の中に含まれる条件を満たすようなデータを検索・抽出(なおIN句の中にSELECT分を入れることも可能)
LIKE	設定したカラムの値が、特定のパターン(例：指定した文字ではじまるなど)に一致するデータを検索・抽出
BETWEEN	設定したカラムの値が、指定した範囲内にあるデータを検索・抽出

フィルタリングに使用される代表的な演算子

スキルを高めるための学習ポイント

- ExcelやBIツールを用いたフィルタリング操作を修得しておきましょう。
- SQLでの検索条件を用いたデータ抽出の初歩的な操作について理解しておきましょう。

DE77 正規表現を活用して条件に合致するデータを抽出できる(メールアドレスの書式を満たしているか判定をするなど)

一定のパターンの文字列が含まれていることを判定したいとき、または含まれているものを抽出したいときに、正規表現を活用した検索・抽出条件を設定します。例えば、「販売履歴のテキストデータに対して、A00 ～ A99という自社の商品コードが入っている列を見つけることができるか」といったケースや、スキル定義にあるような「入力されたメールアドレスの書式が正しいかどうかを判定する」といったケースで利用されます。

このようなときに正規表現を用いることで、複数の文字列を1つの文字列で表現できます。先ほどの例であれば、A00 ～ A99の文字列は、正規表現でA[0-9]{2}と書き表します。OSのコマンドやプログラミング言語、ExcelだとVBAで、A[0-9]{2}と指定すれば、データの絞り込みやクレンジング、データ検証などを行うことができます。

なお、ここでは、必要なデータを抽出できることが求められているため、対象データに対する理解が求められます。例えば、A[0-9]{2}という指定は、商品コードを漏れなく拾いたいという意図で使われていますが、これだとA000など数値が3桁以上の場合も拾われてしまいます。商品コードの直後に数値が来ないことが確実な場合であれば、A[0-9]{2}[^0-9]と指定すると、余分なデータは拾わないようにすることができます。

また、正規表現の表記方法は、プログラミング言語によって多少方言が異なりますが、基本的な部分は共通しています。実務ではよく使うスキルとしてまずは自分の得意な言語だけでもよいので、DE76で紹介している代表的な演算子とセットで覚えておきましょう。

正規表現	表現できるもの	同じ表現
\d	任意の数字以外	[^0-9]
^	文字列の先頭	
$	文字列の末尾	
{m}	m回繰り返す	
{m,n}	m ～ n回繰り返す	

代表的な正規表現

スキルを高めるための学習ポイント

- まずは得意な言語で、正規表現の基本的なパターンをしっかりおさえましょう。
- A[0-9]{2}[^0-9]に対するA[\d]{2}[\D]など、同じ動きをする違う書き方もあるので注意しましょう。

スキルカテゴリ データ加工　サブカテゴリ ソート処理　頻出

DE78 数十万レコードのデータに対して、レコード間で特定カラムでのソートができ、数千レコードのデータに対して、カラム間でソートできる

ソート処理とは例えば、顧客データを年齢順に並べる、販売データを日付順かつ商品番号順に並べるなどの順番に並び替える処理を指します。データ分析において頻繁に行われる必須処理のうちの1つです。

Excelの場合、基本的なソート処理は「ホーム」タブにある「並び替えとフィルター」から行うことができます。このうち、昇順は小さい数値から大きい数値の順、降順は大きい数値から小さい数値の順に選択した列を並べ替えます。

また、「並び替えとフィルター」の「ユーザー設定の並び替え」では、カラム間での複数条件で並び替えることも可能です。このとき、例えば先ほど示した商品番号と日付のどちらで先に並び替えるのかといった優先度によって、表示される結果は変わります。想定通りに並び替えるためには、並び替えの優先順位を適切に判断・設定する能力が求められます。

実務においては、データベースでデータを取り扱うことが多いため、SQLの初歩的な操作として、ORDER BYなどによるソート処理を身に付けておく必要があります(DE121参照)。複数カラムでの並べ替え(販売データを日付順かつ商品番号順に並べるなど)について、SQLのORDER BYの場合は、「ORDER BY　日付　商品番号」というように、左から順に優先順位の高いものを並べます。

また、「ORDER BY　日付　ASC」や「ORDER BY　日付　DESC」というように、並び替えで利用する列に対して、ASCと指定すると昇順、DESCと指定すると降順にすることができます。

ソート	昇順(ASC)	降順(DESC)
数字	0,1,2,3,4,5…	…,5,4,3,2,1,0
英語(アルファベット)	A,B,C,D…	…D,C,B,A
日本語(ひらがな、カタカナ、漢字)	(フリガナ順で)あ,い,う,え…	(フリガナ順で)…え,う,い,あ

ソート処理による変換結果の例

スキルを高めるための学習ポイント

- Excel、SQLでの初歩的なソート処理について練習しておきましょう。
- 複数の条件で並び替えるときに、指定の順番や優先度でどのように変化するかを理解しておきましょう。

DE79 数十万レコードのデータに対して、単一条件による内部結合、外部結合、自己結合ができ、UNION処理ができる

複数のデータの結合処理は例えば、商品･売り上げ･顧客のデータを組み合わせて、どのような顧客がどの商品をどれくらい購入したかを分析する場合など、頻繁に使用するスキルです。

ここでは特に、次のような処理を身に付けておく必要があります。

・内部結合	データAとデータBを、指定した列の値で結合し、両方同じ値のレコードのみを抽出する
・外部結合	データAとデータBを、指定した列の値で結合し、両方同じ値のものだけでなく、どちらかにしかないレコードも残して抽出する
・自己結合	データAに対し、同一のデータAを結合する
・UNION処理	データAのレコードとデータBのレコードを、統合して抽出する

まずExcelでの操作として、2つのデータを結合する際に多用するVLOOKUP関数の使い方と、UNION処理に該当する、データを縦方向に並べてから重複削除する処理について慣れておきましょう。

SQLでは、INNER JOIN（内部結合）、LEFT OUTER JOIN（左外部結合）を頻繁に使います（DE121参照）。ただし複雑なSQLだと、結合処理の書き方に少し間違いがあるだけで、データを抽出するDBに大きな負荷をかけてしまうこともあります。このような事象を起こして問題にならないように、まず少ないデータ量で結果を確認し、問題なければ全量で処理をするといった工夫をするとよいでしょう。

なお、実務だけでは「単に結合処理ができる」というだけではなく、対象データを理解し、それに応じて適切な結合条件を設定できることが求められます。

スキルを高めるための学習ポイント

- Excel、SQLでの初歩的な結合処理を身に付けておきましょう。
- 2つのデータのさまざまな結合パターンによって、どのように結果が変わるかを試し、違いを理解しましょう。

スキルカテゴリ データ加工　　サブカテゴリ クレンジング処理　　頻出

DE80 数十万レコードのデータに対して、NULL値や想定外・範囲外のデータを持つレコードを取り除く、または既定値に変換できる

例えば、ある日の売り上げが平常から極端に少ない「外れ値」や、アンケート入力ミスによる「異常値」、センサーデータの取得漏れにともなう「欠損値」などのデータが存在すると、平常時の全体的な傾向を正しく把握することができません（DS89,148参照）。そこで、このようなデータから正しい状況を把握できるようにデータを洗浄することを、データサイエンスにおいて**クレンジング処理**といいます。

クレンジング処理を行うには、まず、クレンジングの対象となるデータを抽出する必要があり、これにはフィルタリング処理のスキルが求められます。そして、抽出したデータに対して、置換処理や除外処理を行います。手動での置換や削除も可能ですが、ミスが起きる可能性もあるので、一般的にはクレンジングルールを決め、数式や関数等を使ってクレンジングします。

なお、データの外れ値や異常値、欠損値の判断はもちろん、クレンジング方針を一律で機械的に決めることはあまり推奨されません。データの振る舞いや特性を理解し、何が起きているかを把握したうえで、都度クレンジングルールを決めて対応するようにしましょう。

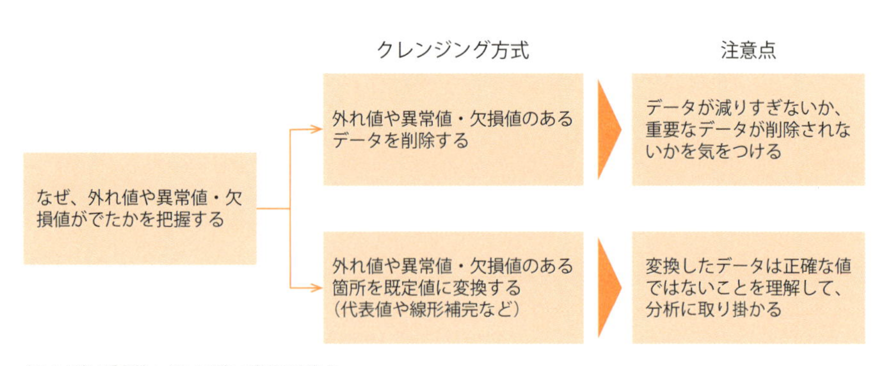

クレンジング方針とクレンジング時の注意点

スキルを高めるための学習ポイント

- ExcelやSQLを使ったデータクレンジングを実際に行ってみましょう。
- 外れ値や異常値、欠損値などのフィルタリング操作を踏まえた、データクレンジングによるデータの削除や変換の一連の流れをイメージできるようになりましょう。

DE83 数十万レコードのデータに対して、規定されたリストと照合して変換する、都道府県名からジオコードに変換するなど、ある値を規定の別の値で表現できる

マッピング処理とは、ある値を別の値と対応付け(関連付け、割り当て、割り付け)る処置を指します。

例えば、各都道府県にはJIS X 0401という規格で、2桁のコード値が割り当てられています。データ処理を行う際にこのコード値を利用すれば、「東京」「東京都」「Tokyo」などの表記を東京都のコード値である「13」で統一することができます。このように、表記ゆれによるデータ不整合をなくすことができる点は、マッピング処理を行うメリットの1つです。他にも、日本では国税庁が13桁の法人番号という誰でも自由に利用可能なオープンデータを定めており、この番号を使うことで、企業情報の管理を容易にすることができます。

マッピング処理は、マスター(対応表)をもとに行います。自社データの分析において、商品名を商品コードに変換したいのであれば、規定された商品マスターを取得し、それを元に商品名を商品コードに変換します。このような処理は、基本的に左外部結合の結合処理で行うので、Excelで行う場合はVLOOKUP関数、SQLであればLEFT JOINを使って処理を行います(DE79,121参照)。

対応表はマスターの形式で提供されるものもあれば、API機能として提供されているものもあります。マスターを使用する際の注意点としては、取得したマスターが最新である必要があります。古いマスターを使用した場合、存在しない新しい商品名に対して適切な値を出すことができません。このようなマッピングミスが発生していないか、変換結果に対して異常値がないことを確認するようにしましょう。

対象とするビジネス次第では、利用している対応表が時期によって変わることもあります。このように、マスターや属性情報などのソースデータの変更履歴を保存し、データ上で表現することを、スロー・チェンジ・ディメンション(Slowly Changing Dimensions)と呼びます。ただし、対応する時期に合わせてマスターを変えたり、古いマスターと新しいマスターをマッピング処理して、抜け漏れのないマスターを作成したりする必要があり、取り扱いについて手間が掛かるので、変更履歴の管理の必要性を十分に考えたうえで採用するかどうかを検討しましょう。

スキルを高めるための学習ポイント

- ExcelやSQL、APIなどを使ったマッピング処理を実際に体験してみましょう。
- 対応表の漏れなどが発生しないように、データの整合性の確認を心がけましょう。

DE85 数十万レコードのデータに対して、ランダムまたは一定間隔にデータを抽出できる

サンプリング処理とは、全データ（母集団）の中から一部のデータ（標本データ）を抽出することです。数十万というレコードがある場合に、すべてのデータを調査することは難しいため、いくつかをサンプルとしてデータを抽出します（DS110,153,177参照）。

サンプリングには以下のような方法があります。扱うデータの特性を踏まえて、適切な方法を選択しましょう。

手法	概要
単純無作為サンプリング	母集団の全ての要素を対象として単純にランダムにサンプルを抽出する
系統サンプリング	3人おきや5人おきなど一定間隔でサンプルを抽出する
層別サンプリング	母集団をあらかじめいくつかのグループに分けて、それぞれの中からサンプルを抽出する
集落サンプリング	母集団を小集団（クラスタ）に分け、クラスタを無作為抽出し、抽出されたクラスタにおいて全数調査をする
多段サンプリング	母集団をいくつかのグループに分け、そこから無作為にグループを選び、さらにそこからランダムにサンプルを抽出する

サンプリングの手法とその概要

無作為サンプリングは、ランダムサンプリングともいいます。ランダムサンプリングは乱数を発生させて、生成された値から対象を抽出する方法です。SQLを使ったデータ抽出については、DE105,121をご参照ください。

乱数とは、ある範囲の数値から任意に取り出される数値です。乱数はシード（種）と呼ばれる値をベースとして、呼び出す都度異なる乱数を取得できる関数として提供される場合が多いです。

スキルを高めるための学習ポイント

- データベースから、さまざまな手法でデータをサンプリングするSQLを練習しよう。
- 乱数の概念とプログラム言語で乱数を発生させる方法を学習しましょう。
- 乱数を用いてデータセットからランダムにデータを取得する方法を学習しましょう。

DE86 数十万レコードのデータを集計して、合計や最大値、最小値、レコード数を算出できる

データを漠然と眺めていても、何かしらの示唆を見つけ出すことはできません。さまざまな方法で集計処理を行い、データに特徴を見つけ出すことが必要です。

データの基本的な特徴を表す値として基本統計量があります。以下で示した、合計や最大値、最小値、レコード数といった値も基本統計量の一部です。こうした代表値を算出することで、データの特徴をつかむことが、データ分析の最初の一歩となります(DS3,4参照)。

Excelでは、データ分析機能を使って基本統計量を一覧化することができます。また関数を使って合計や最大値などの主要な基本統計量を計算することができます。

項目	概要	Excelの関数
合計	データの値を足した合計	SUM関数
最大値	データの中の一番大きな値	MAX関数
最小値	データの中の一番小さな値	MIN関数
レコード数	データの個数	COUNT関数
平均	データの値をすべて足して、その個数で割った値	AVERAGE関数
分散	平均値からの散らばり具合を表す値	VAR.P関数
標準偏差	分散の正の平方根の値	STDEV.P関数
中央値	データを昇順で並び替えたときの真ん中の値	MEDIAN関数
最頻値	対象データの中で、最も頻繁に現れる値	MODE関数

基本統計量と対応するExcelの関数

また、例えばPythonであれば、Pandasというライブラリのdescribe関数を使って、データ個数、平均、標準偏差、最小値、第一四分位数、第二四分位数、第三四分位数、最大値を一覧化することができます。

データ分析をするうえでデータの基本的な集計は分析の第一歩ですので、しっかりと押さえておきましょう。

スキルを高めるための学習ポイント

- Excelだけでなく、SQLの数値型のフィールドから、集合関数(SUM、MIN、MAX、AVG)を用いて基礎集計ができるようにしましょう(DS87参照)。
- Pythonなどのプログラミング言語で、基本統計量を集計する方法を学習しましょう。

スキルカテゴリ データ加工　サブカテゴリ 変換・演算処理　頻出

DE87 数十万レコードのデータに対する四則演算ができ、数値データを日時データに変換するなど別のデータ型に変換できる

四則演算は足し算(+)、引き算(−)、掛け算(*)、割り算(／)のことです。四則演算の基本的な考え方は算数と同じで、次のようなルールがあります。

1. 掛け算および割り算は、足し算および引き算より優先される
2. ()を使用して優先順位を指定できる

データを操作する際には、対象データのデータ型に気を付ける必要があります。データ型には数値型、文字型、日付型などがあります。四則演算をする場合には、基本的に数値型のデータを扱うことになります。計算するデータが数値型になっていることは最初に確認しましょう。もし適切な型になっていない場合は、事前にデータの変換が必要です。例えば、見た目上は数字だとしても、文字型になっていて計算に使えない、というケースがあります。

各種ツール(SQL、Python、Excel)での四則演算のイメージは、以下の通りです。

1. SQL：SQLの記述内に算術式を入れてデータの取得や挿入が可能

(例)テーブル名：syohin、製品ID：product、価格：price、値引き額：discountのテーブルから、値引き後の価格も計算してデータを取得する場合(DE105,121参照)

product	price	discount
AAA	2000	0
BBB	3000	500
CCC	5000	1000
DDD	7000	1200

```
SELECT product, price, discount, price-discount FROM syohin;
```

product	price	discount	price-discount
AAA	2000	0	2000
BBB	3000	500	2500
CCC	5000	1000	4000
DDD	7000	1200	5800

2. Python：数値を変数に格納してから計算（数値同士を計算させることも可能）

（例）計算結果を、Print関数を使って出力する場合

【サンプルコード】

```
a = 12
b = 4
print(a + b)
print(a - b)
print(a * b)
print(a / b)
```

【実行結果】

```
16
8
48
3
```

Excel：セル内に「＝」（イコール）から数式を記述、セル番地を指定

（例）以下のように数値が入っている場合

	A	B
1	15	90
2	3	5

C1、C2、C3、C4のように記述することで、四則計算の結果が得られます。

	A	B	C
1	15	90	=A1+B1
2	3	5	=A1-B2
3			=A2*B2
4			=B1/A2

	A	B	C
1	15	90	**105**
2	3	5	**10**
3			**15**
4			**30**

スキルを高めるための学習ポイント

- データベースのデータ型や、プログラム言語の変数型について理解しましょう。
- Pythonなどの言語で、変数型の変換パターンを学習しましょう。
- SQLで複数の数値型フィールドを計算して、新しい変数を作成してみましょう。

DE90 加工・分析処理結果をCSV、XML、JSON、Excelなどの指定フォーマット形式に変換してエクスポートできる

データの加工や分析をした結果は、特定のフォーマットデータとして、エクスポートすることができます。

データをエクスポートする際には、エクスポートした後の用途に合わせて、適切なフォーマットを選択することが重要です。プログラムでエクスポートするファイルのフォーマットを指定することができます。

使用可能なフォーマットはエクスポートするツールによって異なりますが、代表的なフォーマットとその概要を以下に記載します。なお、XMLやJSONについては、DE106でも取り上げていますので、ご参照ください。

フォーマット形式	概要
CSV	・Comma-Separated Valuesの略 ・「コンマ」でデータを区切る
TSV	・Tab-Separated Valuesの略 ・「タブ」でデータを区切る
XML	・Extensible Markup Languageの略 ・「タグ」でデータを囲むことで表現する ・入れ子構造にすることが可能
JSON	・JavaScript Object Notationの略 ・「名前」と「値」をペアにしてデータを表現する ・ファイルサイズがとても小さくて軽いため、XMLに代わる通信用のデータ形式として人気
Excel	・MicrosoftのOfficeツールであるExcelで開くことができる

代表的なフォーマットとその概要

なおCSVのデータはExcelで開くことも可能(それぞれの要素がセル内に入った状態となる)ですが、データに「カンマ」が含まれていると、意図しない形で読み込まれることもあるので注意が必要です(DE8参照)。

スキルを高めるための学習ポイント

- 主要なフォーマット形式の特徴を押さえておきましょう。
- 実際に使うツールでのフォーマット変換の方法を練習しておきましょう。

DE91 加工・分析処理結果を、接続先DBのテーブル仕様に合わせてレコード挿入できる

データベースにデータを挿入する方法は、いくつかの手法があります。

対象がリレーショナルデータベースの場合は、SQLのINSERT文を用いてレコードを追加します(DE121参照)。少数のレコードの追加や更新に関してSQL文によるデータ操作がよく利用されます。

CSV形式などのデータファイルを一括してデータベースに挿入する際には、対象のデータベース製品が提供するLOADコマンドやIMPORTコマンドを用いて、一括して高速に挿入することができます。

なお、リレーショナルデータベースのテーブルにはデータの型や桁数などが定義されており、投入対象のデータがテーブルの定義に従っている必要があります。またデータ項目がデータ型に従っていても、NOT NULL制約、一意性制約、外部参照制約などのデータベースの制約に違反すると挿入時にエラーとなるため、制約の理解が必要です。

NOT NULL制約	挿入するデータにNULL(値なし)を禁止
一意性制約	対象列に重複したデータの挿入を禁止
外部参照制約	他のテーブルの列を参照し、その列にないデータの挿入を禁止
チェック制約	値の条件を設定し、条件に該当しないデータの挿入を禁止

主要なデータベースの制約

データの定義や制約によりデータがそのままの形式では挿入できない場合、定義に適合するように事前にデータを加工、編集する必要があります。

データの挿入は他にも、プログラミング言語による開発やツールを使う方法など、さまざまな手法があります。ただし、挿入時に留意すべき事項は同一です。

スキルを高めるための学習ポイント

- SQLのINSERT文の他にも、IMPORT・LOADで一括にデータをDBに挿入する手法なども知っておきましょう。
- 制約違反やデータ定義違反など、DBMSにデータを挿入する際にエラー発生するパターンについて学習しましょう。

DE92 データ取得用のWeb API(REST)やWebサービス(SOAP)などを用いて、必要なデータを取得できる

分析をするためのデータは社内システム内に蓄積されたデータだけでなく、Web上のデータを取得するケースもあります。

Webシステム上でデータを交換するための代表的な規格としてRESTやSOAPがあります。これらオープンな規格を利用すれば、異なるシステムからも同一の手順や仕様でデータを取得できます(DE29,61参照)。

RESTを扱うREST APIや、SOAPを扱うWebサービスの呼び出し方法をマスターすると、これらのインターフェースを提供するさまざまなシステムから容易にデータを抽出できます。なお、JSONフォーマットのデータを受け渡すAPIプログラミングの例はDE106をご参照ください。

プロトコル	概要
REST	・Representational State Transferの略 ・Webからのデータ取得において現在主流の方式 ・XMLやJSONでデータを取得する ・入力パラメータの少ない検索サービス等での利用に適している
SOAP	・Simple Object Access Protocolの略 ・XMLをベースとしたWSDLという言語によって定義されたサービスを送受信する方式 ・複雑な入力を必要なサービスや、入出力に対してチェックを必要とするようなサービスに適している

RESTとSOAP

Web上のデータを、APIを通じて取得する場合、どういったフォーマット・パラメータなのか、どのようなレスポンスがくるのか、認証方式はどのようなものか、有償なのか無償なのかといった点は、事前に確認が必要です。

スキルを高めるための学習ポイント

- REST APIを使って実際にデータを取得する練習をしましょう。
- REST APIとWebサービス(SOAP)の特徴とその仕様の違いを理解しましょう。

DE99 FTPサーバー、ファイル共有サーバーなどから必要なデータファイルをダウンロードして、Excelなどの表計算ソフトに取り込み活用できる

分析をするためのデータファイルは、社内外のFTPサーバーやファイル共有サーバーに置かれ、プロジェクトチームのメンバーや部署のメンバーなど、複数人で共有されます。

ファイル共有サーバーは、社内など自らの管理スペース内にサーバーを設置するオンプレミス型で設置されることもありますが、最近ではクラウド上のファイル共有サービスの利用が広まっています。

クラウド上のファイル共有サービスを利用するメリットとしては、自社で端末の用意やサーバーの管理が不要であり、すぐに使うことができる点があります。一方で、デメリットとしては災害や通信障害の際には接続できなくなり、サービスの復旧を待たなければなりません。分析するデータファイルの重要性や用途に応じて使い分けるようにしましょう。

ファイル共有サーバー以外にも、FTPサーバーを使うこともあります。FTPサーバーとのファイルの転送にはFTP（File Transfer Protocol）を使います。しかしFTPによる通信は暗号化されていないため、機密情報を扱う場合には注意が必要です。通信を暗号化する方法もありますが、大半のFTPサーバーは暗号化されずに使われているため、オンプレミスの環境で用いられることが多くなります。

分析担当者は、共有されたデータファイルを、Excelなどに取り込んで分析します。ファイルのデータを一旦手元にダウンロードして分析することもできますが、Excelの機能で指定されたネットワーク上のファイルを読み込み、Excel上でピボットテーブルを用いて集計だけを行うこともできます。ネットワーク上のファイルを読み込む方法で分析を行うと、ファイル共有サーバーのデータが更新されたときに、手元のExcelファイルを更新することで簡単に集計し直すことができ、分析時間を短縮することができます。

スキルを高めるための学習ポイント

- FTPにおいてファイルをアップロード・ダウンロードする方法を理解しましょう。
- 手元にダウンロードしたデータをExcelで分析する方法と、ネットワーク上のファイルを直接Excelで読み込み分析する方法の違いを体験してみましょう。

スキルカテゴリ データ共有　　サブカテゴリ データ連携　　頻出

DE100 BIツールのレポート編集機能を用いて新規レポートを公開できる

BIツールとは、ビジネスインテリジェンスツールの略で、社内にあるさまざまなデータを集約し、一目でわかるように分析するためのツールです。一般的に、BIツールには以下のような基本機能が備わっています。特にデータサイエンティストとしては、まずはレポーティング機能を活用したデータの「見える化」が重要です。

機能	概要
レポーティング	分析結果をグラフや表といった形で視覚化し、ダッシュボードにまとめて整理する
OLAP分析	Online Analytical Processingの略で、蓄積したデータをさまざまな角度から解析して、問題の分析や検証を行う
データマイニング	蓄積したデータを分析し、ビジネス上価値のある法則を見つけ出す
プランニング	蓄積した過去のデータで、将来予測のシミュレーションを行う

BIツールの基本的な機能

BIツールは大きく、エンタープライズBIとセルフBIに分けることができます。エンタープライズBIは、2000年頃から登場したBIツールです。データの加工・集計・分析・出力が複雑であり、IT部門など専門部署にて管理されます。そのため使用したい場合は、IT部門にレポートの作成を依頼しなければならず、時間がかかります。

この課題を解決するために登場したのが、セルフBIです。わかりやすいUI(ユーザーインターフェース)で、ユーザー自身がレポート作成やデータ分析を行うことができます。セルフBIでは、直感的に蓄積されたデータをさまざまな角度から分析できるような機能が備わっています。

機能	概要
ドリルダウン	階層になったデータを掘り下げて表示する(例：年→月→日)
ドリルアップ	ドリルダウンの逆で、階層を上げて表示する(例：日→月→年)
ドリルスルー	説明用の別レポートを作成しておき、グラフをクリックしたら飛べるようにする
ダイス	集計に使うための軸を変更する
スライス	一定の条件でデータを絞り込み表示する

セルフBIの機能の例

スキルを高めるための学習ポイント

- BIツールのレポートやダッシュボードを作成するために必要な手順を学習しましょう。
- ドリルダウン、ドリルアップ、ダイスといった操作を練習してみましょう。

DE101 BIツールの自由検索機能を活用し、必要なデータを抽出して、グラフを作成できる

BIツールにはレポーティング機能として、表やグラフを作成する機能が備わっています(DE100参照)。特にグラフは視覚的に分析結果を理解するうえで大きな助けになります。

主要なグラフは、以下のとおりです。なお、グラフの選択は、DS121もご参照ください。

グラフ	概要
棒グラフ	同じ尺度の量の大小の比較をする
積み上げ棒グラフ	複数項目のデータの割合を比較をする(DS106参照)
折れ線グラフ	時系列での変化を見る
円グラフ	単体項目の構成割合を見る
散布図	2つのデータ間にある関係性を見つける(DS69,105参照)
バブルチャート	3つの観点でデータを分析する(2軸に加えて円の大きさの3つ目の観点を利用する)
レーダーチャート	複数のデータの特性を見る

主要なグラフ

BIツールで必要なデータを抽出してグラフを作成するためには、一般的に以下の①～⑥で示す作業が必要です。なおグラフの種類によって、設定する必要のある要素(X軸、Y軸、グループ化項目、凡例)が異なる点には注意してください。

①対象となるデータソースを選択する。データソースをオープンデータなど外部から読み込んだ場合は、不要な行や列の削除やデータ型が適切かを確認する
②データソースの中からグラフ作成に必要なデータを抽出する
③目的に合わせて、適切なグラフを選択する(DE102,133,135参照)
④グラフの軸を選択する(DS105参照)
⑤抽出条件を設定してデータを絞り込む(DE76参照)
⑥グラフの見栄えを整える(グラフの色やサイズ、メモリの幅、凡例の追加など)(DE120参照)

スキルを高めるための学習ポイント

- 主要なグラフごとに設定する要素(X軸、Y軸、グループ化項目、凡例)を理解しましょう。
- BIでレポートを作成するための手順と流れを学習しましょう。

スキルカテゴリ プログラミング　サブカテゴリ 基礎プログラミング　頻出

DE105 小規模な構造化データ(CSV、RDBなど)を扱うデータ処理(抽出・加工・分析など)を、設計書に基づき、プログラム実装できる

データ分析は、必要なデータを抽出し、分析できる形に加工し、そして最後に分析を行う、というステップを取ります。

ステップ	ポイント
データの抽出	・条件を定めてデータを抽出(条件と等しい、条件より大きいなど)(DE76,77,85参照)
データの加工	・結合処理(2か所以上から取得したデータを結合する)(DE79参照) ・ソート処理(条件に合わせてデータを並べ替える)(DE78参照) ・集計(合計値やデータ数など観点を決めてデータを整理する)(DE86,87参照) ・データの追加(新たなデータをDBに追加する)(DE91参照)
データの分析	・平均や分散、検定などの統計処理(DS3,4,49参照) ・ライブラリ(Python)やパッケージ(R)を活用した機械学習、ディープラーニングによるデータの分類や予測(DE117参照)

データ分析のステップ

こうした一連のプロセスにおいて、特に大量のデータを扱う場合は、プログラムを書いて処理を行うことが一般的です。その際、R、Python、SQLなどの言語が用いられ、プログラム実装されています。

言語	概要
R	・統計解析に特化したプログラミング言語 ・オープンソースで、無償で利用することが可能 ・簡単なコードで複雑な統計計算ができる「パッケージ」が豊富
Python	・少ないコードでプログラムが書けるとして人気のプログラミング言語 ・オープンソースで運営されており、無償で利用可能 ・Webアプリケーション、機械学習、ゲーム開発など幅広く活用できる ・専門的な「ライブラリ」が豊富
SQL	・データベースを操作するためのデータベース言語(DE121参照) ※正確にはプログラミング言語ではなく、データの分析は不可

プログラム実装に用いる言語の例

スキルを高めるための学習ポイント

- PythonやRで小規模な構造化データのCSVにアクセスし、データフレームとして読み込む方法を学習しましょう。

スキルカテゴリ プログラミング　サブカテゴリ データインタフェース　頻出

DE106 JSON、XMLなど標準的なフォーマットのデータを受け渡すために、APIを使用したプログラムを設計・実装できる

JSONはJavaScriptのオブジェクト記法でデータが定義され、同じファイル内でデータ定義もされます。一方でXMLは、データとは異なるXMLSchemaのファイルでデータ定義されます。よって、データフォーマットごとに、プログラム開発用のAPIライブラリも異なり、開発言語ごとにデータ編集ツールが準備され、利用できます。その他のフォーマットについてはDE90をご参照ください。

JSONやXMLは、表形式のCSVと異なり、配列や入れ子になる場合があるため、データ定義を確認し、階層を意識してデータ処理を行う必要がありますが、APIは階層を意識したデータ処理を代用し、プログラム設計・実装の時間短縮につながります(DE29参照)。

例として、具体的なJSONフォーマットと各要素へのアクセスイメージを紹介します。

```
{
"name" :" kitagawa" ,
"age" :18,
"hobby_id" :[3,6,9]
"detail" :{
"birth" :" 2001/06/01" ,
"address" :" Osaka"
}
}
```

{}で囲まれた部分が、keyとvalueで構成されるデータで、この例では、keyがnameやageで、valueがkitagawaや18となります。

[]で囲まれた部分が、配列です。この例では、hobby_idというkeyに対して、valueが3,6,9という配列になります。

また、{}や[]は入れ子構造になり、この例では、detailというkeyに対して、{}が入れ子構造で、birthやaddressというkeyの情報が再度入ることがわかります。

一般的なプログラミング言語では、keyとvalueのデータに対して、keyを指定することで、配列はindexと呼ばれる0起点の値を指定し、値を取り出します。この例では、データがhogeという変数に入っていると、nameの値(kitagawa)はhoge[“name”]で、同様に、hobby_idの2番目の値(6)は、hoge[“hobby_id”][1]で、birthの値(2001/06/01)は、hoge[“detail”][“birth”]で取り出されます。

スキルを高めるための学習ポイント

- 開発APIを利用し、JSONのある値を、変数を用いて取得する方法を学習しましょう。
- JSONファイルとXMLファイルの特徴と違いを理解しておきましょう。

スキルカテゴリ プログラミング　サブカテゴリ 分析プログラム　頻出

DE117 Jupyter NotebookやRStudioなどの対話型の開発環境を用いて、データの分析やレポートの作成ができる

データ分析のためのプログラミングを実施するうえで、利便性が高く、作業効率よい開発環境として、Jupyter NotebookやRStudioがあります。これらの開発環境は、1つのプログラムについて、対話をするように段階的に実行できることから、**対話型の開発環境**と呼ばれています。

RやPythonを単体で動かしたときは、図表が別画面に出力されたり、プログラムの途中でのデータの状況を確認するのに時間がかかったりします。対話型の開発環境では、前述の点を含めてデータ分析をより簡単に、よりわかりやすく行うための工夫がされています。また、通常はプログラム言語の実行環境を整備したり、分析に必要なライブラリを準備・設定するのに時間がかかりますが、これら開発環境では分析に必要な機能やライブラリ群が最初からパッケージされており、短時間で分析環境を準備できます。

Jupyter NotebookやRStudioでは直感的に操作が可能なGUI画面が準備されており、プログラミングやOSのコマンド操作が不慣れなユーザでも容易にプログラムの実行制御を行えます。

Jupyter Notebookは、PythonやRubyでの開発においてよく使われます。プログラムを入れて実行すると、すぐその下の行に結果が返ってくるため、実行結果を一つひとつ確認しながらデータ分析をすることができます。また、ソースコード、実行結果、図表、文書などを1つのファイルに保存することができ、作業関係者との情報共有がしやすくなっています。

RStudioは、Rを用いた開発に使うことが一般的です。多くの人が汎用的に使うプログラムとしてまとめられた、ライブラリの管理が容易にできます。さらに、コーディングの入力補助もあるため、正確なプログラムを短時間で書くことが可能です。また、データフレームや変数の中身を画面で確認することができるため、プログラムのデバッグに効果的です。1つの画面の中で、分析結果となる図表も確認でき、その画像を簡単に出力することもできます。

なお、Jupyter NotebookとRStudioは、無償で利用することが可能です。

スキルを高めるための学習ポイント

- Jupyter NotebookやRStudioの学習環境を準備し、基本操作を演習してみましょう。
- Jupyter NotebookやRStudioのデータソースの設定方法、ライブラリ・パッケージの拡張・追加方法を学習しましょう。

スキルカテゴリ プログラミング　サブカテゴリ SQL　頻出

DE121 SQLの構文を一通り知っていて、記述・実行できる（DML・DDLの理解、各種JOINの使い分け、集計関数とGROUP BY、CASE文を使用した縦横変換、副問合せやEXISTSの活用など）

SQL（Structured Query Language）はリレーショナルデータベースのデータを操作する言語です。さまざまなリレーショナルデータベースがこのSQLを標準のデータ操作用言語として採用しており、SQLによりデータベースの定義からDBテーブル上のデータの操作を行うことができます。ここではSQLの体系と、基本的な用途を説明します。

SQLは、テーブルやインデックスを定義するDDL文と、データを操作するDML文に分類されます。ここでは、データを操作するためのDML文の基本を記載します。

データの操作には、以下に示すオペレーションがあります。

SELECT	データの参照（DE87参照）
INSERT	データの挿入（DE91参照）
UPDATE	データの更新
DELETE	データの削除

SQLの4つのオペレーション

DML文はテーブルに格納されたレコードに対して操作を行いますが、実際の運用では条件を指定した特定のレコードの抽出や、複数のテーブルの結合、特定レコードの集計など、応用した操作が必要になります。DML文の基本構文に、下記のSQL記述を組み合わせて操作を行います。なお、先述のDE76,77,78,79,80,83,85,86,87,90,91でも個別に紹介していますのでご参照ください。

FROM	操作対象のテーブルを指定
JOIN	2つ以上のテーブルの結合の設定
WHERE	操作対象データの条件抽出
GROUP BY	データの集計
HAVING	GROUP BYで集計した後のデータに対する条件抽出
EXISITS	外側のSQLとEXISTS句内SQLの存在判定や相関副問合せ
CASE	SQLの中で条件分岐

SQLの基本的な操作の構文

スキルを高めるための学習ポイント

- 本文で紹介した（標準）SQLの基本的な操作の構文は一通り覚えておきましょう。（特定のDB製品の独自拡張のSQLは出題されません。）

DE129 セキュリティの3要素(機密性、可用性、完全性)について具体的な事例を用いて説明できる

セキュリティの3要素は、情報セキュリティの対策を検討する際のポイントとなる機密性(Confidentiality)、完全性(Integrity)、可用性(Availability)を示し、その頭文字から情報セキュリティのCIAと呼ばれます。

情報セキュリティにおける、CIAの各要素の考え方を以下に記載します。

1. 機密性(Confidentiality)

認可された認証ユーザーだけがデータにアクセスできることを保証します。
対策例：パスワード認証、アクセス権限制御、暗号化

2. 完全性(Integrity)

データが不正に改ざんされておらず、正確で完全であることを保証します。
対策例：電子署名、ハッシュ関数

3. 可用性(Availability)

データに対してアクセスを許可されたユーザーが要求したときに、いつでも利用可能であることを保証します。
対策例：システムの二重化、データバックアップ

セキュリティの標準規格であるISO/IEC 27001 (JIS Q27001) ではISMS (情報セキュリティマネジメントシステム)に求められる要素としてCIAの3要件の実現を求めています。

分析対象のデータを扱う際や、データ分析を行うシステムを開発・調達する際などは、情報セキュリティを維持するため、常にこの3つの要素を念頭に置いて行動することが重要となります。

スキルを高めるための学習ポイント

- セキュリティの3要素について、各要素の概要を理解しましょう。
- CIAの要求事項を実現するための具体的な例を理解しておきましょう。

DE131 マルウェアなどによる深刻なリスクの種類(消失・漏洩・サービスの停止など)を常に意識している

マルウェアとは、ユーザーに不利益をもたらす悪意のあるソフトウェアの総称です。マルウェアには複数の種類があります。既存のソフトウェアを改ざんして不正な動作を引き起こすコンピュータウイルスや、他のプログラムを介在せず単独で複製して増殖するワーム、有益なソフトウェアに偽装してユーザーにインストールしてもらい、背後で不正な動作を行うトロイの木馬などがあります。他にも、データの破壊や盗聴を行う「悪意のある」ソフトウェアや、ユーザーの望まない迷惑な広告を行うアドウェアなども含まれます。

名称	概要
コンピュータウイルス	他のプログラムに寄生して伝染し、システム障害などの意図しない動作を引き起こす
ワーム	ネットワークを介して伝染し、単独で他のプログラムやデータに対して障害を発生させる
トロイの木馬	有用なソフトウェアに偽装してインストールしてもらい、後に不正侵入の裏口を作成するなどの動作を行う
スパイウェア	利用者の意図に反してシステムに入り込み、個人情報などの収集を行う
ランサムウェア	勝手にファイルなどを暗号化し、復元のための身代金を要求する
ボット	感染したコンピュータを乗っ取り、ネットワーク経由で不正に操作する

マルウェアの例

マルウェアの侵入方法は、年々巧妙化しています。コンピュータウイルス対策ソフトなどを導入していても、セキュリティの知識がないと、誤った操作によりマルウェアの侵入を許してしまい、データ流出などの大きな社会問題につながる可能性もあります。

セキュリティが専門でないデータサイエンティストにおいても、マルウェアやコンピュータウイルスのパターンを理解した上で、セキュリティ対策の知識を持つ必要があります。そして、データ資産に対して適切なセキュリティ対策を実施することが求められます。

スキルを高めるための学習ポイント

- 代表的なマルウェアの種類と攻撃パターンを理解しましょう。
- 重要なデータ資産を扱うにあたり実施すべきセキュリティ対策を学習しましょう。
- セキュリティの観点で、実施してはいけないNGパターンを知っておきましょう。

スキルカテゴリ ITセキュリティ　　サブカテゴリ 攻撃と防御手法

DE132 OS、ネットワーク、アプリケーション、データに対するユーザーごとのアクセスレベルを手順に従い設定できる

データ資産へのアクセス(参照・作成・更新・削除)においては、OS、ネットワーク、アプリケーションのレベルで、ユーザーもしくはグループに対して、**アクセス権限**を制御する設定ができます。このアクセス権限を特定し、付与するアクションを**認可**といいます。また、ユーザーを特定するアクションを**認証**といいます。データのセキュリティを保持するためには認証と認可を用いて、データ資産に対して適切なアクセス権限を設定する必要があります。

アクセス管理に関しては、以下のように複数のレベルでのアクセス権限管理があります。

1. OSレベル

OSにログインするユーザーに対して、OSのリソース(ファイル、機能)について参照、更新、フルコントロール(アクセス権限設定変更可能)といったアクセス権限を設定できます。

2. ネットワークレベル

ファイアウォールやルータにより、アクセス元のIPアドレスや通信プロトコルの制限を行います。またVPNなどでリモート接続を行う場合は、認証するユーザーに対してリソースに対する認可を行います。

3. アプリケーションレベル

データベースや業務アプリケーションにおいて、認証するユーザーに対して、アプリケーションの制御でデータへのアクセスや利用できる機能の制限を行います。

セキュリティを確保するために実施すべきアクセス制御の方針や適用ルールは、業務要件や運用コスト・体制により異なります。アクセス制御の仕組みとビジネス要件を理解し、適切なアクセス権限を設計することが重要です。

スキルを高めるための学習ポイント

- データアクセスの許可、データ更新の許可、機能の利用の許可といった基本的なアクセス権の考え方を理解しましょう。
- 対象のビジネスシーンでどのようなアクセス権限が適切であるかを考えられるようにしましょう。

スキルカテゴリ ITセキュリティ　サブカテゴリ 暗号化技術

DE139 | 暗号化されていないデータは、不正取得された際に容易に不正利用される恐れがあることを理解し、データの機密度合いに応じてソフトウェアを使用した暗号化と復号ができる

暗号化の仕組みを理解するには、鍵の考え方が重要です。データの暗号化及び復号には、それぞれ鍵が必要になります。暗号化に使用する鍵を暗号鍵と呼び、鍵によって結果が決まります。また復号に使用する鍵を復号鍵といいます。この鍵が流出するとデータの復号が第三者で行えてしまうため、鍵の管理が必要になります。

暗号化鍵と復号鍵が同一な暗号化方式を、共通鍵暗号方式といいます。この方式では、データの送信者と受信者の間で1つの共通鍵が必要になります。同じ送信者と受信者が何回も通信をやり取りする際は有用です。ただし送信先が多人数になった際には、送信先分の鍵の管理が必要なため大変になります。

一方で、不特定の送信先に暗号化した通信を行う際に有用なのが、公開鍵暗号方式です(DE140参照)。この方式では、暗号化と復号で別々の鍵を用いて、一方のみを公開鍵として公開し、一方は秘密鍵として送信者本人が保管しておきます。秘密鍵と公開鍵には、下記のルールが成り立ちます。

①秘密鍵で暗号化されたデータは公開鍵で復号可能
②公開鍵で暗号化されたデータは秘密鍵で復号可能

暗号化を検討する際には、その要件に応じてどの暗号化方式を採用するかの検討が重要になります。共通鍵暗号方式は公開鍵暗号方式より暗号化·復号の処理が高速ですが、鍵を当事者間で共有するため、漏洩リスクは公開鍵暗号方式より高いと言われています。

例えば、インターネット通信の暗号化で使われるSSLでは、公開鍵暗号方式を用いて通信を行う2者間で一時期的な共通鍵を共有して、その後は共通鍵暗号方式で暗号化を行います。

スキルを高めるための学習ポイント

- 共通鍵暗号方式と公開鍵暗号方式の違いを理解しましょう。
- 共通鍵暗号方式、公開鍵暗号方式の主要なアルゴリズムを理解しましょう。
- 公開鍵暗号方式の暗号から復号化までの一連の流れを学習しましょう。

スキルカテゴリ ITセキュリティ　サブカテゴリ 暗号化技術

DE140 なりすましや偽造された文書でないことを証明するために電子署名と公開鍵認証基盤(PKI：public key infrastructure)が必要であることを理解している

電子署名とは、対象のデータが作成者本人によって作成されたもので、改ざんされていないことをチェックするための仕組みです。

インターネット上のデータ通信で、公開鍵暗号方式を活用して電子署名を実現する動作の流れは以下のようになります(DE139参照)。

①送信者は送信するデータをハッシュ関数でハッシュ値に変換する(DE141参照)
②送信者はハッシュ値を秘密鍵で暗号化する→この暗号化データが電子署名となる
③受信者はデータと電子署名を受信する
④受信者は添付されていた電子署名を送信者の公開鍵を用いて復号してハッシュ値を取得する→送信者の公開鍵で復号できることにより送信者を確認できる
⑤受信者は受信したデータを同じハッシュ関数を用いてハッシュ値を取得する
⑥上記④で取得したハッシュ値と⑤で取得したハッシュ値が一致するかチェックする→一致すればデータが改ざんされていないことを確認できる

このような仕組みを用いることで、送信者が送信したデータである点は確認が可能です。しかし、送信者と送信者の公開鍵が信用できるものであるかは確認できません。もしかしたら悪意のあるクラッカーが、他人になりすましてデータを送信し、公開鍵も不正なものかもしれません。

そこで、送信者と送信者の公開鍵の関係を保証し、送信者が信頼できる人物や組織であることを証明するため、公開鍵認証基盤(PKI：Public Key Infrastructure)という仕組みがあります。公開鍵認証基盤では、利用者からの申請時に、信頼できる人物・組織であるかを審査します。審査により許可された申請者情報とその公開鍵が、PKIで運営する認証局に登録されます。利用者は、このPKIの認証局に登録された利用者情報と公開鍵を信用してデータ通信を行います。

スキルを高めるための学習ポイント

- 電子署名のベースとなる公開暗号方式とハッシュ関数の仕組みを理解しましょう。
- 認証局のホームページにアクセスして、認証局の概要や役割、PKIの仕組みを学習しましょう。

DE141　ハッシュ関数を用いて、データの改ざんを検出できる

ハッシュ関数は、特定の文字列を別の数値文字列に変換する関数です。例えばABCDEFGという文字列は、ハッシュ関数により8E5Aという別の文字列に変換できます。

ただし、ハッシュ関数は非可逆の性質を持ち、ABCDEFG→8E5Aの変換はできても、逆方向の8E5A→ABCDEFGは変換できません。ハッシュ関数で変換された値は、**要約値**や**ハッシュ値**と呼ばれます。

また、ABCDEFGという元の文字列が更新されてACBDEFGとなった場合、ハッシュ値は9G7Hというように以前の8E5Aとは別の値に変換されます。本例のように元データの2文字目と3文字目を入れ替えるだけでも、ハッシュ値はまったく異なる値に変換されます。

ABCDEFG→8E5A　　ACBDEFG→9G7H

このように元の文字列が更新されていると、ハッシュ値は異なる値になるため、ハッシュ値を管理してチェックすることによって、元の値に悪意のある改ざんが行われていないかを判定することができます。

ハッシュ値は改ざんを検出する手法として大変よく用いられる方法です。データを送信する際やデータを格納する際に、ハッシュ値を一緒に格納することによって、改ざんを検出する仕組みを実現することができます。ただし、ハッシュ関数は改ざんを検出する方法であって、改ざんを防止する手法ではない点には注意が必要です。

ハッシュ関数にはいくつかの種類があります。ハッシュ関数により変換されるハッシュ値の長さやパターンも異なります。ハッシュ値が短いと、元データが別でも同一のハッシュ値に変換される「衝突」という事象が発生します。元データのデータ量やハッシュ関数の活用の目的に応じて、ハッシュ関数を選択する必要があります。

またハッシュ関数の利用用途として、改ざんの検出の他に、元データを効率的に検索するためのキーとしてハッシュ値を活用することもあります。

スキルを高めるための学習ポイント

- ハッシュ関数の活用ケースを学習してみましょう。
- アルゴリズム名などを暗記するだけではなく、ハッシュ関数の根本的な考え方を理解しましょう。

第4章

ビジネス力

スキルカテゴリ 行動規範　**サブカテゴリ** ビジネスマインド

BIZ1 ビジネスにおける論理とデータの重要性を認識し、分析的でデータドリブンな考え方に基づき行動できる

ビジネスにおける論理とデータの重要性を認識しているとは、分析の目的に応じた論理構成を考えた上で、そのために必要なデータを準備・分析できることです。そして、分析的でデータドリブンな考え方に基づき行動できるとは、次の①～④ができることを意味しています。

①分析対象となるビジネスに関わるステークホルダーの利害や目的と合致している
②分析目的を満たすための論理構成となっている
③論理構成から必要となるデータを想定・準備できている
④分析によって得られた結果から意思決定できる

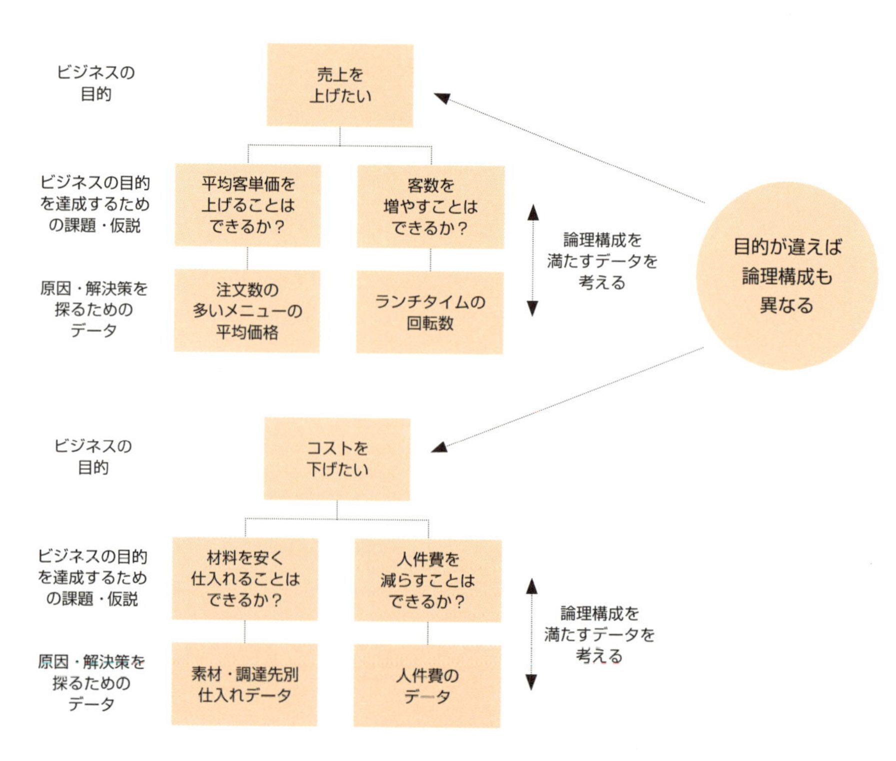

ある商店における分析の目的に沿った論理構成とデータの関係

はじめに、ビジネスにおける分析の目的と論理構成について考えてみましょう。

そもそも、論理とは、正しい結論や主張のための考えの筋道です。結論や主張のためにどんな枠組みで構成すると良いか、そのためにどのようなデータ・情報で枠組みを支えると良いか、という点において論理的であることが重要です。また、データ・情報からそこにある事象について解釈し、結論・主張を導き出すこともあります。つまり、結論や主張のために事実としてデータや情報を用いる場合と、データや情報から解釈し、結論や主張を導出する場合があります。

例えば、ある商店で分析する場合で考えてみましょう。ここでの論理構成とは、ビジネスの目的、ビジネスの目的を達成するための課題・仮説、原因・解決策を探るためのデータの3階層で構成しています。

まずは、**ビジネスの目的**について考えていきます。ビジネスの目的にはさまざまなものが考えられるので、ステークホルダーである商店の経営者にとって、どの目的を重要視しているかを確認することから始めます。ここでは、「売上を上げたい」「コストを下げたい」という目的だったとします。

次に、**ビジネスの目的を達成するための課題・仮説**を考えていきます。「売上を上げたい」という目的では、「売上＝平均客単価×客数」と構造化した上で、平均客単価向上、客数増加のための要因・解決策を探索することを課題として考えています。「コストを下げたい」という目的に対しては、材料の仕入れ、人件費について挙げています。

そして、考えた論理をもとに、**原因・解決策を探るためのデータ**を準備します。例えば、平均客単価については、注文数の多いメニューの平均価格など、分析を行う上で有力になりそうなデータを想定し、それらを準備します。

最後に分析によって得られた結果を、適切な意思決定につなげていきます。データが目の前にあると、いきなり加工・処理してみたくなるかもしれませんが、それでは分析をビジネスに生かすことはできません。目的・論理構成・データの関係を常に意識し、それにもとづいた分析と意思決定を行うことが重要なのです。

ビジネスにおける論理とデータの重要性は、一見すると簡単そうに思えます。ところが目的が異なると、論理構成や取り扱うデータはまったく別のものとなります。どんなに論理的であっても、どんなに素晴らしいデータ分析ができたとしても、ステークホルダーが考えている目的とは合致しないものとなってしまいます。目的を理解し、目的に応じた論理構成を立て、論理構成を満たすためのデータを準備すること、目的・論理・データの三階層を常に意識することが重要になります。

スキルを高めるための学習ポイント

- ステークホルダーが抱く関心事を整理し、重要視されている要素を目的として位置付けてみましょう。
- 分析対象のドメイン知識を学習し、構造的に整理する習慣を持ちましょう。

スキルカテゴリ 行動規範　　サブカテゴリ ビジネスマインド

BIZ2 「目的やゴールの設定がないままデータを分析しても、意味合いが出ない」ことを理解している

担当するプロジェクトにおいて、達成したいゴールやビジネス上の目的を明確にし、プロジェクトの対象となる事業・業務のKGI(Key Goal Indicator：重要目標達成指標)、KPI(Key Performance Indicator：重要業績評価指標)の変化を、数値目標として定義しておくことは、重要かつ必要な要素です。

プロジェクト活動中も、「このやり方やプロセスで本当に目的を達成できるか？」という観点を常に意識し、データを見る際の視点・視座、集計期間、データの粒度、分析手法を選択します。分析結果に対しても、「目的やゴールから考えたときにどのような意味合いがあるか」を念頭に置きながら、解析を進めていくことが肝要です。

このような視点を欠いているために陥りがちな行動としては、次の①～③が挙げられます。

①目的やゴールを明確に設定しないまま分析に取り組んでしまう
②取得したデータを手当たり次第に集計し、凝ったグラフをひたすら作ってしまう
③最先端の機械学習アルゴリズムを適用し、重箱の隅をつついた分析をしてしまう

以上のような場合は、ビジネス上の成果や価値が出せず、自己満足な分析となってしまうことがほとんどです。例えば「顧客データはあるのでいろいろと分析してほしい」といった依頼は①の典型例であり、分析という行為を目的化してしまっています。このケースでは、「分析の目的を話し合いましょう」「業務のことをもう少し詳しく教えてください」といった、活動開始前のコミュニケーションが重要になります。分析には検証的分析と探索的分析があります。検証的分析の場合、KGIやKPIと関連付けて分析することが有効です。一方で、必ずしもKGIやKPIと関連付けられないこともあります。例えば、課題や仮説がわかっていない、大量のデータから起きている事象を把握・理解したいといった探索的分析の場合です。依頼主に分析の目的やゴールを確認した上で、そこから逆算し、意味のある分析結果につなげるための計画を練りましょう。

スキルを高めるための学習ポイント

- データ分析の実例、成功・失敗例を、Web記事などで調べてみましょう。
- 周囲のデータサイエンティストに、分析プロジェクトの成功・失敗例や、プロジェクトの勘所について聞いてみましょう。

BIZ3 課題や仮説を言語化することの重要性を理解している

課題や仮説の言語化は、問題解決スキルの1つです。特にデータサイエンティストにとっては、分析プロジェクト全体を通して、成果に直結する重要なスキルとなります。

課題や仮説はステークホルダーへのヒアリングや、分析プロジェクトメンバーの検討によって整理されていきます。また分析を進めていく中で、分析結果と考察から当初立てた仮説に立ち返り、再考することもあります。つまり課題や仮説は、プロジェクト遂行する上での「軸」であると同時に、「変化」するものなのです。

このため、プロジェクトの各段階において、適切に言語化し、関係者間で共有することが重要です。ここでは、課題や仮説の言語化が、分析プロジェクトの各段階において、どのように必要となり、どのようなメリットがあるのかを図示します。

①プロジェクト初期段階	②プロジェクト中期段階	③プロジェクト後期段階
ステークホルダーへのヒアリングを通して、業務の課題や分析課題の洗い出し、課題解決のための仮説を構築します。分析プロジェクトのチームメンバーや、ステークホルダーへフィードバックすることで、プロジェクトの共通課題認識を持つことができます。	データ集計や分析フェーズにおいて、当初の仮説と合致しているか、新しい仮説はあるか、といった観点で意味合いを言語化することによって、プロジェクトチームの知恵が集約され、より良い結果を生み出しやすくなります。	プロジェクト活動を通じて課題や仮説を言語化したものに基づいて、資料化します。分析の目的に沿った、課題整理、分析のアプローチ、用いたデータと分析手法、分析結果など、ステークホルダーへの報告の際に、正しく伝えていくことができます。

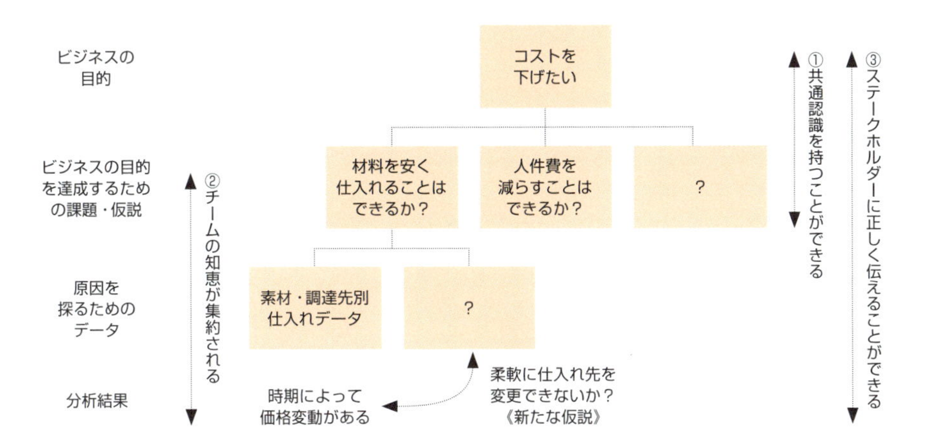

分析プロジェクトの各段階における、課題と仮説の言語化の重要性

分析プロジェクトにおいて、分析活動は時間・作業量が膨大となることも多く、言語化を疎かにしてしまいがちです。課題や仮説が言語化されていない、関係者に正しく伝わっていないと、分析内容・結果の説明段階で認識の齟齬が生じるなど、悪影響を及ぼすリスクがあります。プロジェクト活動の中で、関係者間で認識を共有するための活動や時間を、必ず計画に組み込むようにしましょう。

課題や仮説を言語化する際に有益なのが、**問題解決力**(プロブレムソルビング)、**論理的思考**(ロジカルシンキング)、**メタ認知思考**、**デザイン思考**といった考え方・フレームワークです。

問題解決力(プロブレムソルビング)
本当に解くべき「問題」を見極め、「問題」に対して最も「インパクト」のある解を見つけることができる能力のこと

論理的思考(ロジカルシンキング)
問いに対する主張と根拠を論理的に構成し、筋道を立てて説明できる能力のこと
論理構成は、演繹的、帰納的、ロジックツリーで分解可能なもので構成する

メタ認知思考
考え・行動している自分自身(認知活動)を客観的に見ることで本質的な課題に気付き、課題を解決できる能力のこと

デザイン思考
プロダクトやサービスを作る際に、ユーザーの行動を理解し、仮説の検証を素早く繰り返していく問題解決のプロセスができる能力のこと

スキルを高めるための学習ポイント

- 問題解決力、論理的思考、メタ認知思考、デザイン思考といった考え方・フレームワークを参考にしてみましょう。
- 打ち合わせの中で議論された内容を、構造的に図解・整理してみましょう。

BIZ4 現場に出向いてヒアリングするなど、一次情報に接することの重要性を理解している

一次情報とは、自身で収集したアンケートやヒアリング結果など、実際にデータ収集、体験した情報のことです。二次情報とは、他者が執筆した書籍や論文に掲載された調査結果など、他者から得た情報や一次情報をもとに編集された情報のことです。三次情報は噂話のような情報源がわからない情報のことです。

データ分析においては、自ら一次情報を集めることで、課題の明確化、データ元の信頼性確認など、プロジェクトのプロセスや進め方に確信を得ることができます。また、最も重要なことは、実務に使える分析の視点が得られることです。現場に出向いて、その業務に携わっている人と直接話すことで、課題を解決するための仮説が浮かび、データを扱う上での制約条件、集計条件、業務適用する際のイメージがつかめます。

例として、売上分析からマーケティング戦略を立案するプロジェクトにおいて、一次情報を集めずにデータ分析し、現場担当者に報告した際の会話を紹介します。

> 分析者：「A商品は20代男性に買われる傾向がありましたが、最近40代男性にも売れ始めています。もしかすると新たな戦略ターゲットと言えるかもしれません。」
> 現場担当者：「ああ、最近40代男性向けに販促してみました。その効果ですね。」
> 分析者：「この8、9月に首都圏で売上が落ち込んでいます。テコ入れが必要です。」
> 現場担当者：「ああ、言ってませんでした？　最近、東京の旗艦店をクローズしたんです。テコ入れと言われても、それが会社の戦略なので。仕方ないですね。」

データ分析者が「発見」と思っている結果でも、現場からすると「与件」かもしれません。このケースでは、ターゲット別販促費や閉店の情報を、ダミー変数として入れて分析すべきでした（DS87参照）。

他にありがちなケースとして、業務への落とし込みと分析粒度が合わないような場合があります。例えば、業務の運営上、週単位でしか施策を動かせないのに、「土日はこうだ」といった分析結果を出しても、現場では使えません。このような場合も、一次情報として、分析における与件や現場が感じている傾向（間違っている場合や新たな知見になる場合もあります）を知ることで、より効率的で実用的な示唆が得られます。

スキルを高めるための学習ポイント

- 今まで関与した分析プロジェクトの中で、何が一次情報で、そこから何を得たかを、改めて整理してみましょう。

スキルカテゴリ 行動規範　　サブカテゴリ データ倫理

BIZ9 データを取り扱う人間として相応しい倫理を身に付けている(データのねつ造、改ざん、盗用を行わないなど)

データを取り扱うための倫理は、データサイエンスに携わる人であれば、絶対に身に付けるべきものです。特に重要な倫理としては、不正行為をしないことが挙げられます。

不正行為に該当するものとしては、捏造(Fabrication：存在しないデータの作成)、改ざん(Falsification：データの変造・偽造)、盗用(Plagiarism：他人のアイデアやデータを適切な引用なしに使用)などがあります。この3つは、頭文字をとってFFPとも言われています。この倫理が侵されてしまうと、データサイエンスの健全な発展が阻害されるとともに、データサイエンティストに託された信頼が失われてしまうことにつながります。

この他にも、「データや文献の引用元を明らかにする」「集計結果はサンプルサイズを表記する」「グラフの誇張表現をしない」など、データを取り扱う人間として、誤解が起きないように注意を払うことが肝要です(DS119参照)。

この倫理の問題は、昨今のAIやプライバシー保護の観点でも、社会的に重要な問題になっています。例えば、データバイアスによるAIの差別的判断、自動運転の誤動作、AI医師による医療判断の是非、ディープフェイクと呼ばれるディープラーニング技術で2つの画像や動画を結合させることで実在しない画像や動画を作る技術の危険性などが挙げられます(DS177参照)。近年では、2018年に米国のある企業が採用活動用のAIツールを開発しましたが、学習データが男性に偏っていたため、女性を差別する結果となり、プロジェクトは中止されました。

データ倫理は、データの倫理、アルゴリズムの倫理、実践の倫理という3つの軸から成るとも言われており、ELSI(Ethical, Legal and Social Issues：倫理的・法的・社会的課題)の研究も盛んになっています。2019年に内閣府から発表された「人間中心のAI社会原則」も、このデータ倫理の問題に対する政府の意思が一部反映されています(5章参照)。以下のサイトもご参考ください。

参考：人間中心のAI社会原則
https://www8.cao.go.jp/cstp/aigensoku.pdf (平成31年3月29日　統合イノベーション戦略推進会議決定)

スキルを高めるための学習ポイント

- 基本的な不正行為について学ぶことから始めましょう。
- ELSIやAIにまつわる倫理的課題とその対応を学んでおきましょう。
- 「人間中心のAI社会原則」など、政府機関・団体が公開している情報・レポートを参考にしてみましょう。

BIZ12 個人情報に関する法令(個人情報保護法、EU一般データ保護規則：GDPRなど)や、匿名加工情報の概要を理解し、守るべきポイントを説明できる

昨今、個人データやプライバシー保護の観点において、見直しの潮流が世界的に生まれています。データサイエンティストは法律の専門家ではありませんが、「どのような場合に法令に注意すべきか」「何がリスクか」といったことは理解しておくべきです。

この世界的な潮流は、欧州を発端としています。2018年に施行されたGDPR(General Data Protection Regulation：EU一般データ保護規則)では、個人データの識別、セキュリティ確保の方法、透明性要件、漏洩の検知と報告方法など、厳格で細かい要件が定められています。EU域内の居住者が適用対象となるため、日本においても、海外向けの商品を扱うECや、海外からのアクセスがあるサービスの場合は対応が必要です。

CCPA(California Consumer Privacy Act：カリフォルニア州消費者プライバシー法)も、2020年から適用開始となりました。プライバシー保護という観点では、GDPRに近い法令であり、米国各州でも同様の法案が可決されていく流れになっています。

日本でも2022年に改正個人情報保護法が施行される予定です。権利保護の強化、事業者の責務の追加、法令違反に対するペナルティ強化、第三者提供におけるルールなど、データの利活用方法についても記述された法律です。2021年～2022年にかけて、各業界において企業が遵守すべき規制や、具体事例などのガイドラインが示されていくことになっています。ここでは、改正個人情報保護法における大きな情報分類を示します。

情報分類	概要
個人情報	生存する個人に関する情報です。特定の個人を識別できるもの、あるいは個人識別符号が含まれるもののことです。氏名、住所、指紋・顔画像データ、マイナンバー、移動履歴や購買履歴などが該当します。また、個人情報の一部に、さらに厳格に扱うべき要配慮個人情報があります。
仮名加工情報	個人情報を他の情報と照合しない限り、個人識別できないように加工したものです。復元は可能です。
匿名加工情報	個人情報を、個人識別不可能、復元不可能にしたものです。
個人関連情報	上記以外の生存に関する個人情報です(IPアドレス、Cookieなど)。

改正個人情報保護法における大きな情報分類

スキルを高めるための学習ポイント

- 個人情報に関する法令の改正や、業界規制と具体事例のガイドラインなどについて、最新動向をチェックし、分析プロジェクトに適用するようにしましょう。

スキルカテゴリ 契約・権利保護　サブカテゴリ 契約　頻出

BIZ16 請負契約と準委任契約の違いを説明できる

外部ベンダー・パートナーの持つ知見の活用や、社内リソースの負荷分散を実現する方法として、業務委託があります。業務委託の際に取り交わす業務委託契約は、請負契約、委任契約、準委任契約に分類されます。請負契約とは、委託者が、仕事の完成と引き換えに、受託者に報酬の支払いを約束する契約です。準委任契約とは、委託者が、法律行為ではない事務処理を受託者に委託する契約です(準委任は履行割合型と成果完成型で厳密には違いがあります)。

データ分析プロジェクトにおける分析や、IT関連の開発の業務は、請負契約か準委任契約で締結されることが一般的です。契約によって、成果や責任の考え方が変わります。

情報分類	請負契約	準委任契約
目的	仕事の完成	一定の事務の処理
責任	契約不適合責任	善管注意義務
仕事等が不十分だった場合の責任追及	契約不適合責任、民法の一般原則に従った債務不履行責任の追及	民法の一般原則に従った債務不履行責任の追及
報酬受取時期	仕事が完成していなければ報酬は受け取れない	仕事が完成していなくても報酬は受け取れる
報告義務	なし	あり
成果物	原則あり	原則なし

請負契約と準委任契約の主な違い(引用：https://houmu-pro.com/contract/60/)

データ分析プロジェクトにおいて、請負契約と準委任契約のどちらにするかの判断は、民法に則りつつも、プロジェクトの性質や会社の方針などで変わります。例えば、従来のソフトウェア開発は請負契約が主流でしたが、AI技術を利用する場合、事前の性能保証が困難なこと、探索的なアプローチが望ましいことなどから、準委任契約とするケースもあります。また、PoC (Proof of Concept：概念実証)プロジェクトを行う場合は、IT開発に近い作業でも準委任契約にするケースがあります。

スキルを高めるための学習ポイント

- 所属する組織やプロジェクトにおいて、発注時、受託時の契約形態や契約書がどのような内容か、調べてみましょう。その上で、契約の違いを押さえておくようにしましょう。

BIZ25 データや事象の重複に気づくことができる

MECE（ミーシー）とは「漏れなく重複なく」という意味で、Mutually（お互いに）、Exclusive（重複せず）、Collectively（全体的に）、Exhaustive（漏れがない）の頭文字を取ったものです。ビジネスの場面でよく使われるこの言葉は、論理的思考（ロジカルシンキング）の最も基本的な考え方の1つです。論理的思考が求められるデータサイエンティストの仕事において、MECEを意識することは、業務の遂行上あらゆる場面で必要です。

例えば、百貨店の顧客を来店時の移動手段で分類し、購入金額に違いがあるか分析する場合を考えてみましょう。このとき、移動手段として「公共交通機関」「電車」「バス」「自動車」「徒歩」が挙がったとします。いずれも移動手段という意味では正しいのですが、電車やバスは公共交通機関に含まれてしまいます。そのため、来店時の移動手段をデータとしてカウントしたとき、重複して含まれる顧客が出てしまい、移動手段ごとの顧客の特徴を適切に比較できません。つまり、MECEの「重複なく」という要件を満たしていないことになります。

さらに、「自転車」などで来店する顧客がいる可能性もありますが、この分類ではそれに対応することができません。この意味で、MECEの「漏れなく」という要件についても満たしていません。

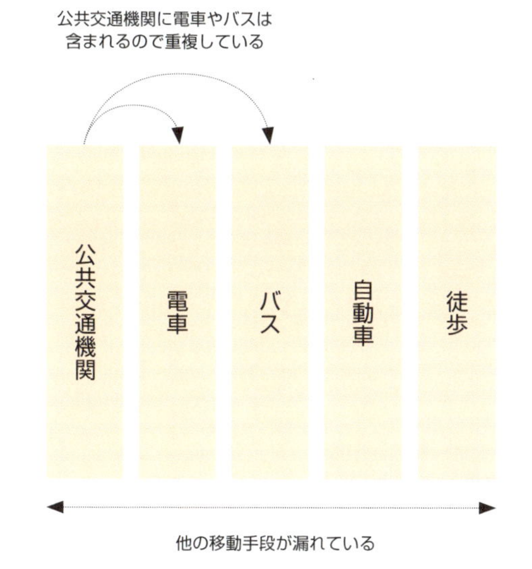

漏れ・重複がある分類

そこで次のように分類することで、漏れ・重複がないMECEを満たした形に改善することができます。

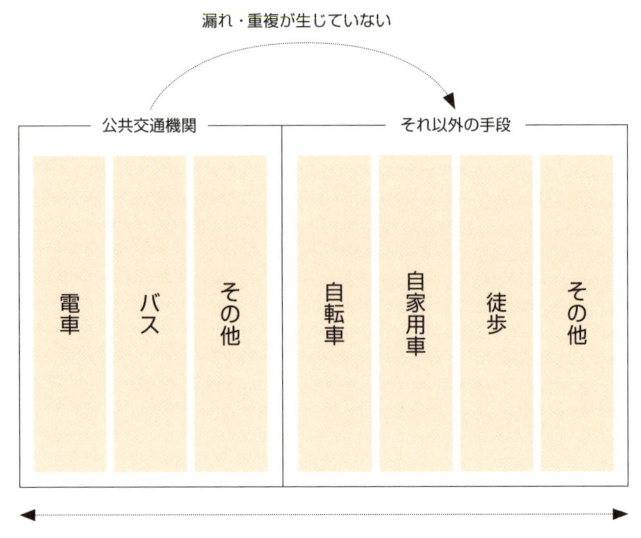

漏れ・重複のない分類

データを複数のアプローチで集計・可視化して比較する際に、適切な方法で集計処理をしなかったために誤った値が出力され、それぞれのアプローチで集計処理した結果と一致しないということがしばしば起きます。集計結果が一致しないときには、データ処理工程と集計仕様の確認を行い、データに漏れや重複があるために異なる結果が出ている可能性を考えましょう(DS148参照)。

こうした状況に気付くためには、検討した仮説、取り扱うデータ、分類方法に漏れや重複がないかチェックすることはもちろん、集計・可視化を実施する前に、データの変数ごとの代表値などをしっかりと把握しておくことも肝要です(DS3,4参照)。対象となる事象を漏れなく重複なく整理することで、価値のある分析につながります。

スキルを高めるための学習ポイント

- 身近にある事象を、MECEに分類し、漏れ・重複がないか確認してみましょう。
- 分類されている資料や情報を見て、MECEになっているかチェックしてみましょう。

BIZ29 通常見受けられる現象の場合において、分析結果の意味合いを正しく言語化できる

季節の移り変わりや曜日などに応じた規則性のある変化など、日常において何らかの事象が起きると、データとなって現れます。このようなデータの集計結果と、それを可視化したグラフの分析では、分析者自身の「目で見て捉えた事実」と、考察から導かれた「意味合い」の言語化が重要となります。例えば、あるオフィスで二酸化炭素の濃度を測定し、時間ごとの変化を可視化したとします(DS210参照)。

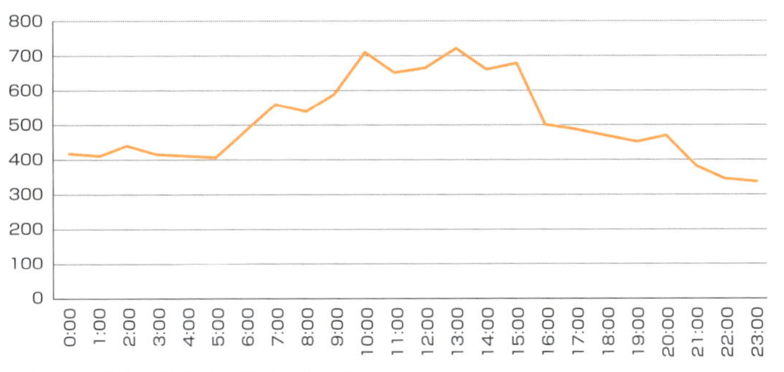

あるオフィスの二酸化炭素の時系列変化(単位：ppm)

グラフを「目で見て捉えた事実」として、「日中を中心とした山型である」が挙げられますが、具体的ではありません。「早朝から正午にかけて濃度が上昇している」や「15:00から17:00にかけて濃度が下降する」とすると、変化を具体的に把握できます。

さらに、この事実から「意味合い」を導き出してみます。仮説として、「就業開始・終了の時間帯は人が出退勤するため、二酸化炭素濃度が急激に変化する」などが挙げられます。さらに、19:00 ～ 20:00に下降現象に逆らうように上昇している点については、「清掃業者などの出入りする人がいるのではないか」という仮説が考えられます。読み取れる「意味合い」としては、「人の出入りによって二酸化炭素濃度は変化する」「就業時間外においても人の出入りや活動がある」ということになります。

このように、集計したデータやグラフに対して、分析者自身が「目で見て捉えた事実」と「意味合い」の両方を言語化することが、データ分析の価値です。

スキルを高めるための学習ポイント

- 集計・可視化した結果を見て、類似点や相違点を捉えるようにしましょう。
- 「目で見て捉えた事実」と「意味合い」について、ディスカッションしてみましょう。

スキルカテゴリ 論理的思考　サブカテゴリ ストーリーライン　頻出

BIZ32 一般的な論文構成について理解している（序論⇒アプローチ⇒検討結果⇒考察や、序論⇒本論⇒結論など）

分析プロジェクトでは、分析の目的に沿って課題を整理し、取り扱うデータや分析手法を選定し、仮説を検証することで結論を導出します。得られた結果をもとにビジネスにどのようなインパクトがあるのか、そのために何をすべきかについて提言します。このようなレポートを作成・報告するためには、一般的な論文構成の流れを理解しておくと有益です。

序論	背景	研究領域における社会的な背景や、学術領域としての意義について整理したもの。なぜこのテーマに自分自身が取り組むのかについて言及する
	先行事例・研究	取り扱うテーマについて、過去にどのような取り組み、研究がなされてきたか、取り扱うテーマの課題は何かを整理したもの。取り組むべき課題の整理、スコープ、新規性などについて言及する
本論／アプローチ	アプローチ	取り扱うテーマに対して課題を構造化し、それぞれどのように仮説検証に取り組むか、アプローチを整理したもの。取り扱うテーマをどのような論理構成で提言するか、論理構成とアプローチについて言及する
本論／検討結果	具体的な取り組み	構造化した課題に対して、どのように仮説検証したか整理したもの。仮説検証の結果、新たな課題が生じた場合はその深掘りについても言及する
結論／考察	考察・結論	構造化した課題の仮説検証した結果から、取り扱うテーマについて、どのようなことが言えるのか考察し、結論を導出したもの。導出した結論の今後の取り扱いや、残された課題についても言及する

論文の論理構成の例

論文では、取り扱うテーマや領域において何が課題なのか、どのような仮説が考えられるか、どのように仮説検証できるか、仮説検証した結果として何が言えるのか、取り扱う課題は解決したのか、といったことを論理的に述べる必要があります。論理構成にはいくつかの型がありますが、いずれの場合においても論理的に課題を整理して、テーマについて何らかの結論を導出することに変わりはありません。

スキルを高めるための学習ポイント

- 研究計画や論文執筆に関する論理構成について、Webなどで調べてみましょう。
- 取り扱うテーマについて、先行事例・研究を調べ、自分なりに課題整理してみましょう。
- 論文や学会・ビジネスイベントの発表資料を調べて、どのような論文・書籍を参考としているか、引用・出典元を調べてみましょう。

BIZ35 1つの図表〜数枚程度のドキュメントを論理立ててまとめることができる（課題背景、アプローチ、検討結果、意味合い、ネクストステップ）

分析プロジェクトにおけるステークホルダーへの報告・提言など、多人数に向けた説明では、図表やイラストを用いたスライドによるプレゼンテーションを行うことがあります。複雑な内容であっても視覚的に表現できるので、メッセージが伝わりやすくなるといったことが利点として挙げられます。

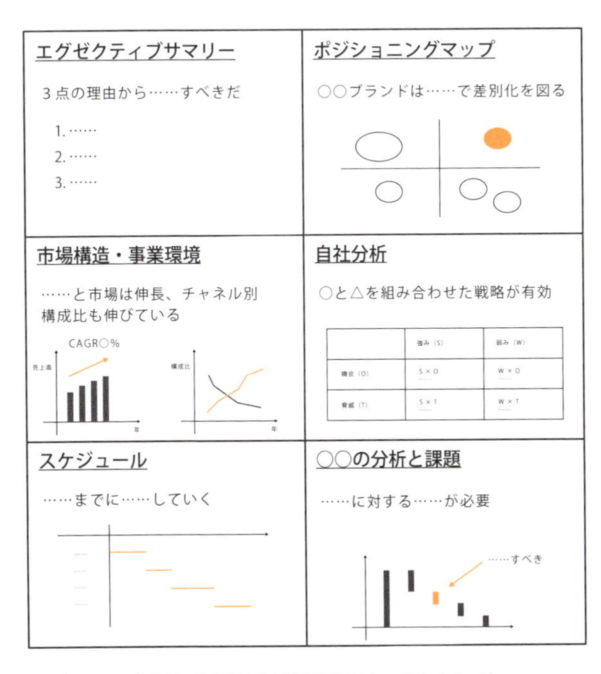

図・表・イラストを用いた資料を作る際のラフスケッチのイメージ

メッセージを伝わりやすくするためには、図表を単純に並べるのだけではなく、論理立てた構成にすることが重要です。このためには、いきなり資料を作成するのではなく、人に理解してもらうための**ストーリーライン**を持った構成を先に作ることが重要です。これにはいくつか方法があり、「WHYの並び立て」や「空・雨・傘」と呼ばれるピラミッド構造で構成すると作りやすくなります。

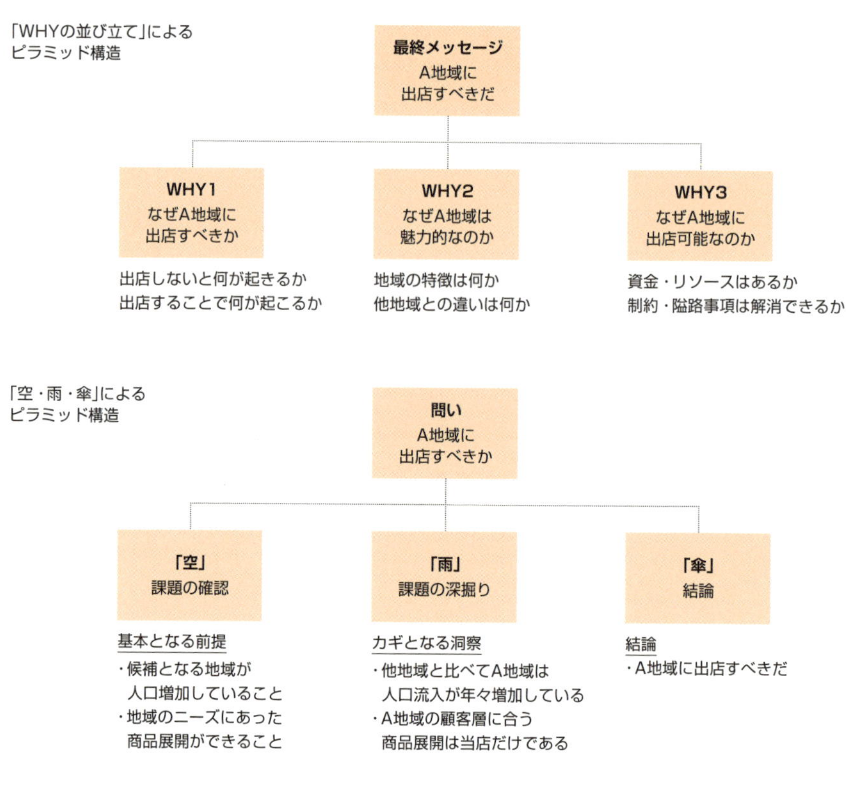

ある商店のA地域進出を提言するためのピラミッド構造

「WHYの並び立て」は、自分が言いたい最終的なメッセージに対して、理由や具体的なデータなどを、並列に構成することです。なぜか(なぜならば)の形式で最終的なメッセージをサポートしていくことで、論理的にまとめることができます。

「空・雨・傘」は、ある問いに対して、課題の確認、課題の深掘り、結論で構成することで、主張を支えるというものです。

このように、分析のアプローチ検討段階から最終段階まで、ストーリーラインを意識して取り組むことで、論理的に構成された報告につなげることができます。

スキルを高めるための学習ポイント

- 伝えたいメッセージを支えるためのストーリーラインを作ってみましょう。
- 構成したストーリーラインをわかりやすく伝える図表を作ってみましょう。

BIZ38 報告に対する論拠不足や論理破綻を指摘された際に、相手の主張をすみやかに理解できる

分析の各プロセスでは、ステークホルダーに対して報告を行う必要があります。例えば、開始時には目的に沿った分析計画の報告、終盤では分析結果をもとにした業務の改善提案などを行ったりします。こうした報告の場面において、論拠不足や論理破綻を指摘される場合があります。

ステークホルダーへの報告は、限られた時間の中でのやり取りとなります。重要なことは、自分の主張を構成している論理と、相手の指摘を構成している論理の類似点、相違点を正確に把握することです。そして、ステークホルダーの指摘事項が、論理構成のどの点について言及しているのかを理解することが求められます。

例として、以下の論理構成に対して、どのような指摘が想定されるかを紹介します。

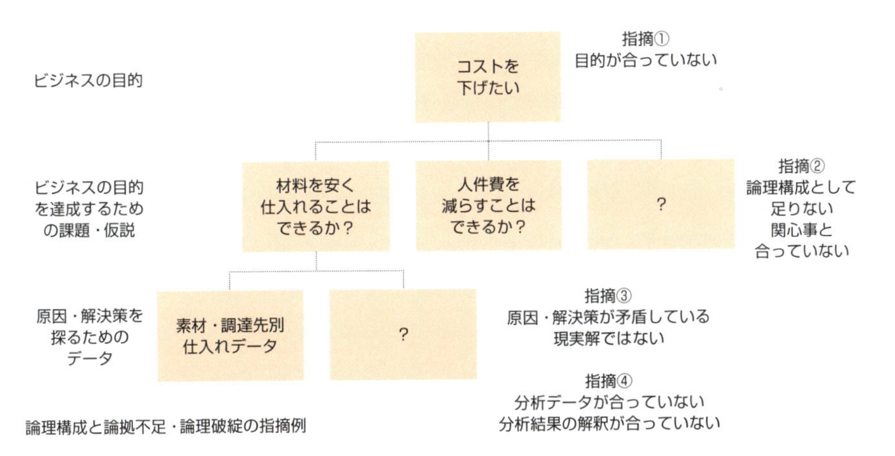

論理構成と論拠不足・論理破綻の指摘例

①ビジネスの目的が合っていない
例：ステークホルダーが考えている目的が「コストを下げたい」ではなく、「売上をあげたい」

②論理構成として足りない、関心事と合っていない
例：原材料の調達コスト、人件費だけでなく、営業時間やお店の賃料

③原因・解決策が矛盾している、現実解ではない
例：原材料の調達コストを下げるために品質の劣る原材料に切り替える

④分析データが合っていない、分析結果の解釈が合っていない
例：調達コストの原因分析のために調達先の担当者の性格を調べる

指摘を受けたときには、分析作業にミスがなかったかなどに気をとられて、指摘と論理構成の対応を確認することを疎かにしてしまいがちです。さらに、「データドリブンな自分の示唆が間違っているはずがない」と躍起になってしまい、トラブルに発展するケースもあります。そのようなことがないように、次の点を心がけておくことが大切です。

- 分析の途中段階で定期的に関係者からのレビューを実施しておく
- どのような論理構成で分析を進めたか、論理構成を可視化し、メンバーに共有しておく
- 論拠不足・論理破綻の指摘が論理構成のどの点を示しているか理解する
- 周囲の意見を柔軟に受け入れるマインドセットを持つ

なお関係者は、自分なりの意見としてコメントすることもあれば、上司として成長を促すために敢えて反対の意見を言うこともあるでしょう。こうした周囲の意見を柔軟に受け入れるマインドセットを持つことは非常に大切であり、傾聴のスキルが必要となります。

また、プロジェクト以外のメンバーや、分析者としては素人でも業界や対象領域に詳しい人に聞くことで、新たな仮説や考察結果が得られることもあります。例えば、商店や似た業界でアルバイト経験のある人であれば、社員とアルバイトのシフト構成や店舗内の役割分担などについて情報が得られるかもしれません。1か月当たりのアルバイトの稼働時間や支払った賃金総額だけではなく、時間帯ごとの混雑具合とシフト構成を比較し、余剰がないか調べてみることができます。この他にも商店の現場に赴くことで、顧客への応対時間の測定と従業員ごとの比較といった新たなデータ収集ができます。

報告時の論拠不足や論理破綻の指摘は、分析活動のやり直しや、考え方の見直しなど、作業計画の大幅な変更・遅れにつながるかもしれません。早い段階から関係者との対話やレビューを行い、認識齟齬が生じないようにしましょう。

スキルを高めるための学習ポイント

- どういう論理構成で分析を進めたかを事前に可視化・共有しておきましょう。
- 論理構成のどの点に対する指摘なのかを理解することに意識を向けましょう。
- 分析結果を過信せず、周囲の意見を柔軟に受け入れるマインドセットを持ちましょう。

BIZ48 一般的な収益方程式に加え、自らが担当する業務の主要な変数(KPI)を理解している

分析プロジェクトの対象となる事業・業務のKGI(Key Goal Indicator：重要目標達成指標)、KPI(Key Performance Indicator：重要業績評価指標)がどのようなものか理解していることは重要です(BIZ2参照)。一般的な収益方程式は「売上＝平均客単価(一人当たりの平均購入金額)×客数」ですが、分析プロジェクトで担当する業務において、KGI、KPI、収益方程式を正しく理解し、構造化することで、分析データやアプローチが明確になります。

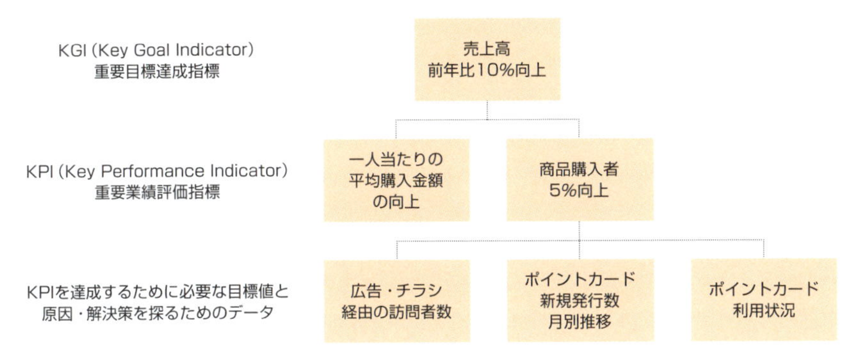

ある商店におけるKGI、KPIの構造

KGIから影響度が高いKPIを選定していくのが一般的な検討プロセスで、KPIを要素分解したKPIツリーがよく使われます。KPIツリーを作成・整理し、測定可能なものに絞り込むことで、課題解決に用いることができるKPIの洗い出しが可能になります。KPIを達成するために必要な目標値が具体的であれば、達成できなかった原因の深掘りや、目標達成のために洗い出した解決策の実現可能性を分析・考察することで、KGIのための具体的な提言につなげることができます。業績改善のための報告には、KGI、KPIを正しく理解できていることが重要です。

スキルを高めるための学習ポイント

- 担当する業務の収益方手式、KGI、KPIを調べてみましょう。
- KPIツリーを作成し、目標達成に測定可能なデータを洗い出してみましょう。

スキルカテゴリ 課題の定義　　サブカテゴリ スコーピング　　頻出

BIZ51　担当する事業領域について、市場規模、主要なプレーヤー、支配的なビジネスモデル、課題と機会について説明できる

データを分析するということは、データが発生・処理・加工・可視化・分析する対象となるビジネスが存在することを意味します。データサイエンティスト協会では、ビジネスとは社会に役に立つ意味のある活動全般と定義しています。このビジネスの理解がなくては、分析することはできません。意味合いを抽出するためには、分析結果がビジネスにどのようなインパクトをもたらすかを考察する必要があるからです。

対象となるビジネスは千差万別です。もし、クレジットカードに関連するデータを分析するプロエジェクトに参画したとします。ビジネスを理解するためには、クレジットカード業界の業界構造を捉える必要があります。具体的には、クレジットカード業界の市場構造、主要な企業・プレーヤー、ブランド、クレジットカードを利用することで発生するさまざまな取引や手数料などのビジネスモデル、といった業界構造を理解しつつ、内包する課題・機会を整理することです。

クレジットカードの主な機能・サービスには、ショッピング・キャッシング機能、ポイント・特別優待といったサービスがあります。主要な企業・プレーヤーには、カードを保有・使用する利用者、飲食店やコンビニエンスストアなどのカード導入・加盟店、クレジットカード会社が挙げられ、ビジネスモデルとして年会費・手数料があります。このビジネスモデルのメリットは、利用者の立場であればキャッシュレス決済や分割払いによる購入が可能となることです。デメリットは、加盟店の立場であれば、手数料が発生すること、実際の入金まで時間が掛かることが挙げられます。どのような利用者が、いつ、どこで、どのような決済をしているのか、データから特徴を捉えることで新たなビジネス機会があるかもしれません。クレジットカード不正利用被害の実態・変化から業界における課題が見えてくるかもしれません。

分析の対象となる業界において、市場構造の変化など大きな変動を見極めるためには、業界内の大手企業や、ビジネスモデルの根幹となる領域を担っている企業の動向などを把握しておく必要があります。分析を担当する業界・事業の構造を理解していくことで、適切な仮説検証ができます。また、想定した結果と異なるデータが発生した場合も、仮説の深掘りや新たな仮説立案など精度の高い分析につなげることができます。

スキルを高めるための学習ポイント

- 業界の主要な企業のIR情報、業界レポート、政府統計、白書、専門書、新聞、口コミなどのメディアを用いて、市場動向を把握してみましょう。
- 業界地図のような書籍などを用いて、世の中にどのような業界、ビジネスモデルがあるのか調べてみましょう。

スキルカテゴリ 課題の定義　サブカテゴリ スコーピング　頻出

BIZ52 主に担当する事業領域であれば、取り扱う課題領域に対して基本的な課題の枠組みが理解できる(調達活動の5フォースでの整理、CRM課題のRFMでの整理など)

スコーピングとは、分析対象となる事業領域に複数存在する課題の中で、どれを取り扱うかを絞り込む作業のことです。このためには、事業領域そのものや、対象事業における課題の枠組みへの理解が必要です。

例えば、あるPCメーカーの調達部門を分析対象の「事業領域」と設定した場合について考えてみます。

まずは対象の事業領域について、「取り扱う課題領域」を整理します。このPCメーカーでは、ハードウェア(CPU、HDD、メモリーなど)とソフトウェア(OS、文書作成、表計算ソフトなど)を自社開発していないため、調達部門は部品調達や製造委託を行っています。また、需要予測をしながら生産計画を行い、部品や製造委託のタイミングも計画します。課題領域はこのような、購買管理、製造委託といった業務・管理の単位で整理していくことが一般的です。

事業領域	PCメーカーの調達部門
取り扱う課題領域	購買管理、製造委託、外注管理、購買計画、受入検査など
基本的な課題の枠組み	品質(Quality)、価格(Cost)、納期(Delivery) **5フォース分析**など

PCメーカーの調達部門における課題整理のイメージ

続いて、「基本的な課題の枠組み」についての整理を行います。このとき、開発・生産における品質マネジメントの指標である品質(Quality)、価格(Cost)、納期(Delivery)を用います。

品質(Quality)：適切な品質を保証するため、品質をより良くするための活動

価格(Cost)：適切なコスト管理をするための活動

納期(Delivery)：適切な納期までの工程を管理するための活動

　また、自社の競争優位性を探るために、「業界内での競争」「新規参入者」「代替品」「売り手の競争力」「買い手の競争力」という5つの競争要因から業界構造を分析する、**5フォース分析**を行うこともあります。

5フォース分析のイメージ

　ただし、事業領域によって、取り扱う課題や課題の枠組みは異なります。また、フレームワークがすべてではなく、課題定義やスコーピングのためには、関係者へのヒアリングや現時点で持っているデータや情報を用いて整理・構造化するなど、事業領域の特徴を踏まえつつ、柔軟に捉えることも必要です。

スキルを高めるための学習ポイント

- 事業領域における典型的な課題を調べ、課題整理のための枠組みを考えましょう。
- 事業領域における専門誌などを過去数か月分読み、業界特有の課題や、業界が取り扱う課題の変化を整理してみましょう。

BIZ65　仮説や既知の問題が与えられた中で、必要なデータにあたりをつけ、アクセスを確保できる

仮説や既知の問題が与えられる(定義されている)状態において、分析を進めていくためには、分析に必要となるデータを整理した上で、それにアクセスできるか確認をとることが重要です。必要なデータにあたりをつけ、アクセスを確保できるとは、次のようなことを意味します。

- 問題を探索する上で、どのような仮説を検証すれば良いのか理解できている
- 仮説の検証に必要なデータにどのようなものがあるのかを洗い出すことができる
- 洗い出したデータが入手・使用可能かどうかを検証できる

例えば、「ある商店の客数を増やすことができるか」という問題に対して、現状把握とその原因を探ることが提示されているとします。このとき、分析するデータとして何が必要かを洗い出します。ここでは、「店前交通量」「平日・休日の客数」「商品を購入しなかった理由」という3点について、仮説を検証したいと考えたとします。

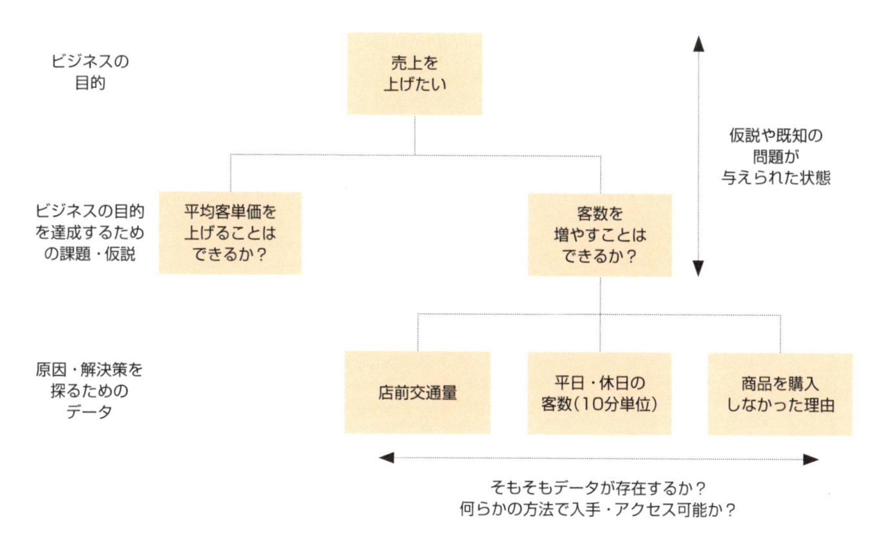

分析に必要なデータの洗い出しと、入手・アクセス可否の検討

「店前交通量」については、商店がデータを保有しているケースはほとんどありません。周辺地域の昼間・夜間人口であればオープンデータなどで入手できるかもしれませんが、追加調査が必要です。

「平日・休日の客数」は、売上データなどから分析ができるかもしれません。この場合、商店が保有するデータがどのような構成になっているか調べることが必要です。仮に売上データが時間単位で記録されていたら、今回のような10分単位の分析はできなくなります。また、データの保持期間によっては、過去に遡って分析することが難しいかもしれません。

「商品を購入しなかった理由」についても、商店にはデータが存在しない可能性が高くなります。その場合、商店内にカメラを取り付け、客の行動をデータとして取得するところから始めないといけません。すると、取得するデータに対して、セキュリティの観点から正しく取り扱うことができるかといった、新たな課題が生じます。

分析する上で必要となるデータは、必ずしも入手・利用可能とは限りません。分析プロジェクトであれば、データ入手元の信頼性、権限、セキュリティ、保持期間、集計単位、入手困難な場合の代替案などを考慮・検討することが、必要なデータにあたりをつけ、アクセスを確保するための具体的な行動となります。

逆に入手・利用可能にも関わらず、その存在に気付かないこともあります。どのようなデータを用いて仮説検証すると良いのか、そのためのデータは入手・利用可能かといった順で整理することが必要です。

スキルを高めるための学習ポイント

- どのようなデータを用いて、仮説を検証したいのか整理しましょう。
- 仮説を検証するためのデータが入手・利用可能か確認しましょう。
- 分析する対象領域で用いられるデータの種類について調べてみましょう。

BIZ68 ビジネス観点で仮説を持ってデータをみることの重要性と、仮に仮説と異なる結果となった場合にも、それが重大な知見である可能性を理解している

ビジネス観点で仮説を持つこと、課題を発見できることは、データサイエンスをビジネスに適用するための第一歩です。データ分析プロジェクトでは、ドメイン知識や、ステークホルダーとのヒアリングによって、データによって検証すべき仮説を構築した上で分析に取り組みます。ビジネス観点で事前に仮説を構築することで、必要なアウトプットやストーリーを明確にすることができます。ビジネス観点の仮説が定まらないまま進めると、不必要にアウトプットを大量に出さなければならない、という状況に陥りやすくなります。

次に、データ分析によって得られたアウトプットに対して、当初の仮説が正しかったか否かを見極めていきます。大切なことは、仮説と異なる結果が得られた場合の対応です。この場合は、データ処理やロジックにミスがないかを疑います。このときに、データの違和感に素早く気づき、ステークホルダーに報告する前に未然に防ぐことができる点も、ビジネス観点で仮説を持っておくことのメリットです。

一方、データの処理やロジックのミスがなかった場合、その仮説と異なる結果を受け入れる姿勢も重要です。仮説と異なる結果が得られたときこそ、データの真価が発揮されたときであり、従来型の取り組みでは得られなかった新しい知見が、データによって導かれたことを示しています。

ただし、これまでにない新しい発見をすぐに受け入れることが難しいことも、データサイエンティストとして理解しておかねばなりません。データ分析プロジェクトがPoC (Proof of Concept：概念実証)だけで終わってしまう1つの理由として、仮説と異なる結果をステークホルダーが受け入れず、「データ分析は使えない」という不名誉な烙印を押されるといったこともあります。

ステークホルダーの理解を得るためには、「AよりBを推進すべき」という結論だけでなく、「なぜならば」に対するファクトをデータドリブンで丁寧に説明することが大切です。真にデータをビジネスに活用してもらうためには、こうしたステークホルダーに対する丁寧な説明や、事業に対する深い理解が求められます。

スキルを高めるための学習ポイント

- 「ビジネス観点の仮説構築⇒仮説に沿った分析・アウトプット設計⇒分析結果の解釈と説明」という流れを、自主学習や実際のプロジェクトの中で実践してみましょう。
- 仮説と異なる結果が出たときに、どのように考察していくか関係者と話し合ってみましょう。

スキルカテゴリ ビジネス観点のデータ理解　サブカテゴリ 意味合いの抽出、洞察

BIZ71 | 分析結果を元に、起きている事象の背景や意味合い(真実)を見ぬくことができる

データを加工・集計・可視化し、統計や機械学習のモデリングを実行して結果を得たら、その結果を解釈してどのようなことが言えるか、さらにはその解釈した結果からどのようなアクション(解決策の提示やさらなる追加検証など)を行うかを提示することが、データサイエンティストの仕事の本質です。このためには、仮説を考え、検証して実際に起きているかを把握する必要があります。

日本に沢山の拠点を持つ物流会社の、データ解析担当者の立場で考えてみましょう。月別の荷物の取扱量を集計し、下記のグラフが描けたとします。

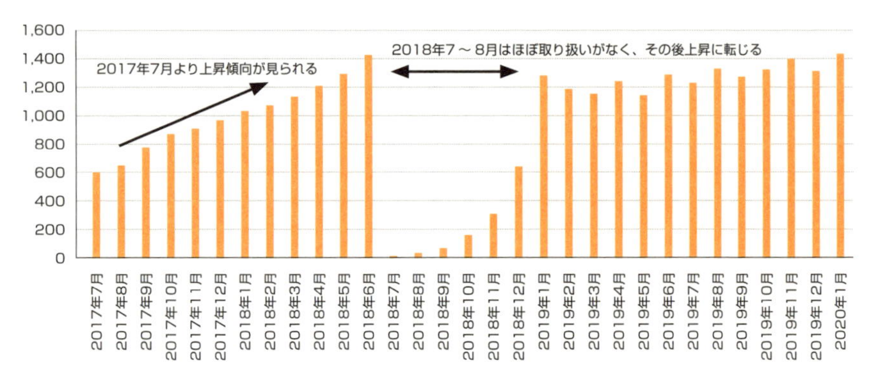

月別の荷物の取扱量のグラフ

では、このグラフはなぜそのようになっているのでしょうか。2018年7月は「平成30年7月豪雨」が起こったときで、多くの物流会社が影響を受けました。このグラフにも影響がはっきりと現れており、そこから災害前の値近くまで回復するのに半年かかっています。またその後も、災害前とはデータの振る舞いが異なっていますが、これには復興のために講じられた対策の影響などが考えられます。

データは何かが起きた(もしくは起きなかった)結果として分析者の手元にやってきます。起きたことを「見抜く」ためには、世の中の変化や分析しようとする対象に対する理解を深めておくことが重要です。

スキルを高めるための学習ポイント

- 世の中でどのようなことが起きているかを常に意識しましょう。
- グラフや集計表などを見て「何が起きた結果なのか」を考えるクセを付けましょう。

BIZ81 結果、改善の度合いをモニタリングする重要性を理解している

データを集計・分析した結果・考察から、対象となる業務の改善や新たなサービスを提言し、事業に実装していきます。業務の改善やサービスが立ち上がることで、対象となる業務やビジネスでは新たな事象が発生するため、その結果をデータとして見て取ることができます。本来ならば一定の比率や量で改善されるべき業務が、思うように改善されないことや、逆に想定以上の業務効率を生み出すこともあるかもしれません。

モニタリングとは、ビジネスの本来の目的・目標を達成するために、何が起きているのか、今後どのようなアクションをすべきなのかといった判断につなげる評価・改善活動を指します。分析プロジェクトで構築したモデルを業務システムに実装した場合、システムを稼働監視するだけでなく、想定している業務改善や成果が得られているか、実装したモデルが適切に機能しているかを確認する必要があります。業務改善されていくことで、これまでと異なるデータが発生し、モデルの精度が落ちる場合があります。このような場合、モデルの再構築やメンテナンスが必要となります(DS38参照)。

ビジネスにおいて分析することは、ビジネスで達成したい目的に沿って、対象事業や業務を評価・改善し続けることを意味します。分析活動が一過性のものとならないよう、評価・改善する仕組みを構築し、仕組みを維持することが重要です。継続的な評価・改善のためには、対象となる事業・業務のKGI(Key Goal Indicator：重要目標達成指標)、KPI(Key Performance Indicator：重要業績評価指標)がどのように変化するか、モニタリングすることが効果的です(BIZ2参照)。そして、モニタリングによって得られたことを用いて、分析目的、KGI、KPI、構築したモデルなどを今後どのように変化させるかについて、定期的に関係者で話し合うことも重要です。このような継続的なモニタリングや関係者間での話し合いでは、BIツールの活用が有効です(DE100,101参照)。

スキルを高めるための学習ポイント

- 対象となる業務をモニタリングし、定期的に評価・改善する仕組みを確認してみましょう。
- モニタリング結果をもとに次のアクションを検討してみましょう。
- モニタリングに役立つBIツールを活用してみましょう。

スキルカテゴリ 活動マネジメント　サブカテゴリ プロジェクト法曹　頻出

BIZ84 ウォーターフォール開発とアジャイル開発の違いを説明できる

ウォーターフォール開発とは、分析、設計、実装、テストという工程を順番に進めていく手法です。工程が次に進むと前の工程に戻ることはなく、各工程で作成されるドキュメントによって工程間を伝達します。

一方で、アジャイル開発とは、分析、設計、実装、テストを短い期間(1週間から1ヶ月)で行い、動作する完成品の一部を作り、顧客にフィードバックをもらうという工程を繰り返しながら開発する手法です。顧客と対話をしながら徐々にシステムを作り上げていくため、要求と完成品の間で認識の齟齬が起きにくい点がメリットです。アジャイル開発の具体的な方法論には、スクラム、XP(エクストリーム・プログラミング)、FDD(Feature Driven Development:ユーザー機能駆動開発)などがあります。

従来はウォーターフォール開発が主流とされてきましたが、現在ではアジャイル開発が広く取り入れられており、今後さらに広がっていくと考えられています。また、ソフトウェア開発のみならず、アジャイルの考え方自体が、現代のビジネスにおける価値創造のために有用であるものとして広まっています。

データサイエンスの領域においても、分析システムの構築だけでなく、アジャイルの考え方に倣ってデータ分析やモデル開発のタスクを進めることが、プロジェクト成功のポイントとなります。データ分析プロジェクト開始時点では、顧客が明確なゴールを設定しにくいケースや、データ分析の結果によってゴール設定を変える必要性が出てくるケースもあります。そのため、ステークホルダーと対話をしながら、徐々にアウトプットを作り上げていくアジャイル型のプロセスをとることで、ステークホルダーとの認識齟齬を減らし、最適なアウトプットへ導くことが可能となります。

プロジェクト契約の場面においても、ウォーターフォール開発、アジャイル開発に関する基礎的な知識を持っておくことが大切です。アジャイル開発型でプロジェクトを進める場合には、準委任契約が適切とされています。プロジェクトの進め方に応じて、適切な契約を結ぶことが求められます。

スキルを高めるための学習ポイント

- ウォーターフォール開発、アジャイル開発は、システム開発における用語です。システム開発の文脈で出版されている本を参考にしてみましょう。
- 特にアジャイル開発の考え方は、データ分析プロジェクトでも応用できるものが多いため、開発プロセスの概要をしっかり理解しておきましょう。

BIZ93　指示に従ってスケジュールを守り、チームリーダーに頼まれた自分の仕事を完遂できる

分析プロジェクトにおいて、プロジェクト全体のスケジュールを遵守するために、プロジェクトメンバーとして自身が担当する仕事を計画どおりに完遂することは非常に重要です。このためには、プロジェクトで計画している作業項目、作業期間、作業にかけるリソースなどを十分に理解しておく必要があります。特に作業期間、リソースの範囲の中で活動していくことが重要です。

データ分析においては、深淵かつ真の解に近づくための模索に夢中になることもあるかもしれません。模索というのは、例えば下記のようなことです。

- ・より高い精度のモデルを作りたくて何度も試行錯誤する(DS38参照)
- ・文献で読んだ新しい分析手法やツールを色々と試してみる
- ・現場にフィットした分析結果にするため、ヒアリングやリサーチ結果を深く洞察する
- ・わかりやすい資料作成のため、ビジュアライゼーションを研究して工夫を施す

これらはすべて、「データサイエンティストとしてのスキルを向上させる」という観点では望ましいですが、そのために、スケジュールを守れないようでは、プロジェクトの一員としての責務を果たしていないことになります。つまり模索を行いたいのであれば、指示された仕事を期日内にクリアすることが大前提だということです。

特に、複雑なプロセスやタスクの多いプロジェクトにおいては、あるタスクのアウトプットがないと、別のタスクが始められない場合もあります。プロジェクト全体の成果創出において、一人のスケジュール遅延が致命的になる場合もあります。

スケジュール管理、タスク管理のためのツールや手法にはさまざまなものがあります。簡単な方法としては、メモ帳やスケジュール表でタスク管理を行うこともできます。あるいはWBS(Work Breakdown Structure)やガントチャート、マインドマップなどを活用してタスクを洗い出し、工程表を作成することも効果的です。この場合は、Excelやプロジェクト管理ツールを使いこなすスキルが求められます。

スキルを高めるための学習ポイント

- 自身の能力を誇示するよりも、プロジェクト成果を重視することを常に頭に置いておきましょう。
- スケジュール管理、タスク管理の手法やツールを学んでおきましょう。

BIZ101 担当するタスクの遅延や障害などを発見した場合、迅速かつ適切に報告ができる

分析プロセスの実行時やモニタリング時などにおいて、遅延や障害を放置したままにしておくと、思いがけない事態に発展する場合があります(BIZ81参照)。悪影響を当該プロジェクトの中で対応するために、そしてリカバリー可能な範囲に留めるためにも、迅速かつ適切な報告が重要です。

自身としてはごく軽微なミスや遅延だと考えて報告を怠ると、障害の連鎖を引き起こしてしまうこともあります。結果として、間違った経営判断による損失や、不祥事や事故などの**レピュテーションリスク**(悪評や風評によって企業評価が下がり、経営に支障をきたす危険性)に発展するかもしれません。データ分析プロジェクトとは少し違いますが、身近な例として、大手銀行でのシステム障害などが挙げられます。悪意がなくとも、社会的信用の失墜につながってしまうこともあるのです。

全体のプロジェクトを成功に導くために軌道修正を行うとともに、自身へのリスクを減らすためにも、問題が判明した時点で迅速に報告することが大事です。自身の**レポートライン**(上司やプロジェクトリーダー)に対し、メッセージツールやメールなどを利用し、確実に伝えるようにしましょう。

報告をする際には、「事実」と「推論」と「意見」のうち、どのレベルを伝えているのかを明確にする必要があります。まずは「事実」を報告することを心がけましょう。

障害報告書や発見時の報告手順など、業務でのフォーマットが決まっている場合もあります。フォーマットはさまざまですが、①障害概要、②発見日時や障害発生期間、③影響範囲や障害規模、④原因、⑤暫定対応、⑥経緯、⑦恒久対応、事故抑制の仕組み化、⑧謝罪などを記載することが一般的と言えます。考え方としては、**5W1H** (Who：だれが、When：いつ、Where：どこで、What：なにを、Why：なぜ、How：どのように)などが参考になるでしょう。

また、サービスとして提供しているものには**サービス品質**という考え方があり、**SLA** (Service Level Agreement：サービス品質保証)としてまとめ、遅延や障害などの対処方法を契約書として記述する場合もあります。

分析プロセスの実行時やモニタリング時には、どうしても不具合やミスが発生するものです。それにどう対処するのかが肝要であるという心持ちで臨みましょう。

スキルを高めるための学習ポイント

- 障害報告書の書き方やSLAなどについて調べ、自身のタスクやプロジェクトになぞらえてみましょう。

第5章

数理・データサイエンス・AI（リテラシーレベル）モデルカリキュラム

5-1. 数理・データサイエンス・AI（リテラシーレベル）モデルカリキュラム

本章では、数理・データサイエンス教育強化拠点コンソーシアムから2020年4月に公開された「数理・データサイエンス・AI（リテラシーレベル）モデルカリキュラム ～データ思考の涵養～」に沿って、数理・データサイエンス・AIを活用するためのスキル／知識について解説します。

この数理・データサイエンス・AI（リテラシーレベル）は、政府のAI戦略2019に基づき、2025年までに文理を問わず全ての大学・高専生（約50万人卒/年）が学ぶことを目標としています。

リテラシーレベルモデルカリキュラムでは、3つのコア学修項目が設定されています。「1.社会におけるデータ・AI利活用（導入）」では、データ・AIによって社会および日常生活が大きく変化していることを学びます。「2.データリテラシー（基礎）」では、日常生活や仕事の場でデータ・AIを使いこなすための基礎的素養を身につけます。「3.データ・AI利活用における留意事項（心得）」では、データ・AIを利活用する際に求められるモラルや倫理について学びます。

データサイエンティスト検定では、「1.社会におけるデータ・AI利活用（導入）」、「2.データリテラシー（基礎）」、「3.データ・AI利活用における留意事項（心得）」が試験範囲となります。これら3つのコア学修項目に対応する本書のスキルカテゴリを紹介しながら、数理・データサイエンス・AIを活用するために押さえておくべき重要なキーワードについて解説します。

数理・データサイエンス・AI（リテラシーレベル）の学修目標

今後のデジタル社会において、数理・データサイエンス・AIを日常の生活、仕事等の場で使いこなすことができる基礎的素養を主体的に身に付けること。そして、学修した数理・データサイエンス・AIに関する知識・技能をもとに、これらを扱う際には、人間中心の適切な判断ができ、不安なく自らの意志でAI等の恩恵を享受し、これらを説明し、活用できるようになること。

数理・データサイエンス・AI（リテラシーレベル）モデルカリキュラム策定の背景

政府の「AI戦略2019」（2019年6月策定）にて、リテラシー教育として、文理を問わず、全ての大学・高専生（約50万人卒/年）が、課程にて初級レベルの数理・データサイエンス・AIを習得する、とされたことを踏まえ、各大学・高専にて参照可能な「モデルカリキュラム」を数理・データサイエンス教育強化拠点コンソーシアムにおいて検討・策定。

数理・データサイエンス・AI（リテラシーレベル）の学修項目

導入	1.社会におけるデータ・AI利活用		
	1-1.社会で起きている変化	1-2.社会で活用されているデータ	1-3.データ・AIの活用領域
	1-4.データ・AI利活用のための技術	1-5.データ・AI利活用の現場	1-6.データ・AI利活用の最新動向
基礎	2.データリテラシー		
	2-1.データを読む	2-2.データを説明する	2-3.データを扱う
心得	3.データ・AI利活用における留意事項		
	3-1.データ・AIを扱う上での留意事項	3-2.データ・AIを守る上での留意事項	

出展：数理・データサイエンス教育強化拠点コンソーシアム

5-2-1. 社会におけるデータ・AI利活用(導入)で学ぶこと

社会におけるデータ・AI利活用(導入)では、データ・AIによって社会および日常生活が大きく変化していることを学びます。

近年、データ量の増加、計算機の処理性能の向上、AIの非連続的進化によって、インターネットやスマートフォンを活用した新しいビジネスや、IoTを利用した便利なサービスが次々と登場しています。人の行動ログデータや機械の稼働ログデータをビッグデータとして収集/蓄積できるようになり、先進的な企業では、蓄積された膨大なデータを活用し、新たなビジネスやサービスの提供につなげています。

普段の日常生活の中でも、さまざまなデータが活用されています。コンビニエンスストアで買い物をすれば、POS (point of sale)システムを通して販売実績が蓄積されます。また、キャッシュカードを使って銀行の口座からお金を引き出すと、取引実績が蓄積されます。このように蓄積されたログデータは、販売管理やマーケティング、新たなサービスの企画などに活用されています。

また、工場や倉庫などの製造・物流の現場においても、さまざまなデータが活用されています。工場では、品質管理や生産計画などにデータが活用されています。近年では、工場内にカメラを設置し、カメラの画像データを使って不良品を検知する仕組みの導入が進んでいます。

これからの社会はSociety 5.0 (超スマート社会)といわれ、自動運転や、スマートハウス、スマート農業など、さまざまな分野でデータを活用し、今までにない新たな価値を生み出すことが期待されています。

データを活用した新しいビジネスやサービスでは、人工知能(AI)が重要な役割を果たしており、複数の技術を組み合わせることで新しい価値が生み出されています。新たな技術も次々と登場しており、深層生成モデルや敵対的生成ネットワーク、強化学習、転移学習などの活用が進んでいます。データ・AIを活用したビジネスやサービスの中で使われている技術を紐解き、AI等を活用した新しいビジネスモデルや、AI最新技術の活用事例について学ぶことで、データ・AIが生み出している価値を理解します。

● スキルを高めるための学習ポイント

- 社会で起きている変化に興味を持ち、新しいビジネスやサービスにおいて、データ・AIがどのように活用されているのか調べてみましょう。

社会におけるデータ・AI利活用(導入)の学修項目

1. 社会における データ・AI利活用	キーワード(知識・スキル)
1-1. 社会で起きて いる変化	・ビッグデータ、IoT、AI、ロボット ・データ量の増加、計算機の処理性能の向上、AIの非連続的進化 ・第4次産業革命、Society 5.0、データ駆動型社会 ・複数技術を組み合わせたAIサービス ・人間の知的活動とAIの関係性・データを起点としたものの見方、人間の知的活動を起点としたものの見方
1-2. 社会で活用されて いるデータ	・調査データ、実験データ、人の行動ログデータ、機械の稼働ログデータなど ・1次データ、2次データ、データのメタ化 ・構造化データ、非構造化データ(文章、画像/動画、音声/音楽など) ・データ作成(ビッグデータとアノテーション)(DS176参照) ・データのオープン化(オープンデータ)
1-3. データ・AIの 活用領域	・データ・AI活用領域の広がり(生産、消費、文化活動など) ・研究開発、調達、製造、物流、販売、マーケティング、サービスなど ・仮説検証、知識発見、原因究明、計画策定、判断支援、活動代替、新規生成など
1-4. データ・AI利活用 のための技術	・データ解析:予測、グルーピング、パターン発見、最適化、シミュレーション、データ同化など ・データ可視化:複合グラフ、2軸グラフ、多次元の可視化、関係性の可視化、地図上の可視化、挙動・軌跡の可視化、リアルタイム可視化など ・非構造化データ処理:言語処理、画像/動画処理、音声/音楽処理など ・特化型AIと汎用AI、今のAIで出来ることと出来ないこと、AIとビッグデータ ・認識技術、ルールベース、自動化技術
1-5. データ・AI利活用 の現場	・データサイエンスのサイクル(課題抽出と定式化、データの取得・管理・加工、探索的データ解析、データ解析と推論、結果の共有・伝達、課題解決に向けた提案) ・流通、製造、金融、サービス、インフラ、公共、ヘルスケア等におけるデータ・AI利活用事例紹介
1-6. データ・AI利活用 の最新動向	・AI等を活用した新しいビジネスモデル(シェアリングエコノミー、商品のレコメンデーションなど) ・AI最新技術の活用例(深層生成モデル、敵対的生成ネットワーク、強化学習、転移学習など)

出展:数理・データサイエンス教育強化拠点コンソーシアム

5-2-2. 社会におけるデータ・AI利活用(導入)で学ぶスキル／知識

社会におけるデータ・AI利活用(導入)で学ぶスキル／知識は、データサイエンス領域の「予測」「グルーピング」「データ可視化」「機械学習技法」「言語処理」「画像・動画処理」「音声/音楽処理」「パターン発見」および、データエンジニアリング領域の「データ構造」、ビジネス領域の「行動規範」「課題の定義」に対応します。

これらのスキルを学ぶことで、データ・AIによって、社会および日常生活が大きく変化していることを理解します。

社会におけるデータ・AI利活用(導入)に対応するスキルカテゴリ

第2章　データサイエンス	予測、グルーピング、データ可視化、機械学習技法、言語処理、画像・動画処理、音声/音楽処理、パターン発見
第3章　データエンジニアリング	データ構造
第4章　ビジネス	行動規範、課題の定義

■データサイエンス

予測(DS25)や、グルーピング(DS55)、データ可視化(DS102,121,125)、機械学習技法(DS171,173,176)、言語処理(DS220)、画像・動画処理(DS235,243)、音声/音楽処理(DS245)、パターン発見(DS251)を学ぶことで、データ・AI利活用のための技術を知るとともに、AIを活用した新しいビジネス/サービスは複数の技術が組み合わされて実現していることを理解します。

■データエンジニアリング

データ構造(DE47)を通して、構造化データや非構造化データ(文章、画像/動画、音声/音楽など)の特徴を理解し、社会で活用されているデータについて学びます。

■ビジネス

行動規範(BIZ1)や、課題の定義(BIZ51)を通して、データやAIを活用したビジネス/サービスの事例を知り、データ・AI活用領域の広がりを理解します。

5-2-3. 社会におけるデータ・AI利活用(導入)の重要キーワード解説

社会におけるデータ・AI利活用(導入)で学ぶスキル／知識の中から、重要なキーワードをピックアップして解説します。

Society 5.0

Society 5.0とは、サイバー空間(仮想空間)とフィジカル空間(現実空間)を高度に融合させたシステムにより、経済発展と社会的課題の解決を両立する、人間中心の社会(Society)を指します。狩猟社会(Society 1.0)、農耕社会(Society 2.0)、工業社会(Society 3.0)、情報社会(Society 4.0)に続く、新しい未来社会の姿「超スマート社会」として提唱されました。Society 5.0では、フィジカル空間における膨大な情報が、ビッグデータとしてサイバー空間に集積されます。このビッグデータを人工知能(AI)が解析し、その解析結果をフィジカル空間にフィードバックすることで新たな価値が生み出されます。

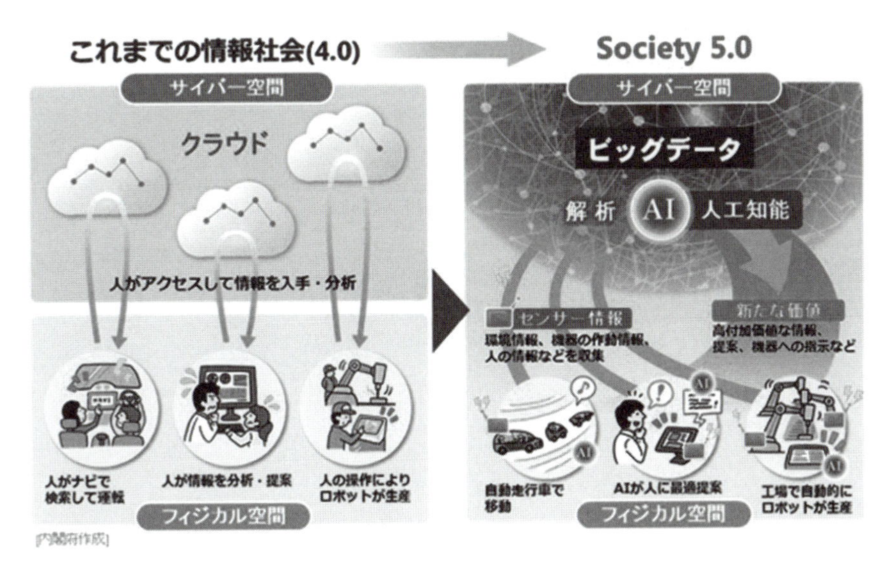

出展：内閣府 Society 5.0

データ・AIの活用領域

ビッグデータやIoT、ロボティクスといった新たな技術の進展によって，データ・AIの活用領域は広がりを見せています。企業における事業活動(研究開発、調達、製造、物流、販売、マーケティング、サービス)を見ても、ほぼ全ての活動領域においてデータ・AIが活用されています。それぞれの事業活動におけるデータ・AI活用事例を知ることで、データ・AIの活用領域の広がりを理解します。

事業活動におけるデータ・AI活用例

事業活動	データ・AI利活用(例)
研究開発	研究開発の領域では、新しい薬を開発するために、AIを活用して病気に効果のある化合物を探し出す取り組みが進められている。
調達	調達の領域では、過剰在庫を防ぐために、製造する製品の需要予測を行い、原材料や部品の発注量を最適化する取り組みが進められている。
製造	製造の領域では、これまで目視で行っていた検査工程を省力化するために、画像認識技術を用いて自動的に不良品を検出する取り組みが進められている。
物流	物流の領域では、作業員のピッキング業務を効率化するために、倉庫内の棚の配置を最適化する取り組みが進められている。
販売	販売の領域では、販売業務を効率化するために、画像認識技術やセンシング技術を活用したレジなし店舗を展開する取り組みが進められている。
マーケティング	マーケティングの領域では、収益を最大化するために、需要と供給に応じて価格を変動させるダイナミックプライシングに関する取り組みが進められている。
サービス	サービスの領域では、コールセンターの負荷を減らすために、顧客からの問い合わせ対応をチャットボットによって自動化する取り組みが進められている。

5-3-1. データリテラシー(基礎)で学ぶこと

データリテラシー(基礎)では、日常生活や仕事の場でデータ・AIを使いこなすための基礎的素養を身につけます。

研究や仕事の現場では、データに基づき論理的に意思決定することが求められます。また、収集したデータを構造的に整理し、正しく説明することが求められます。データ・AIを使いこなすためには、データを適切に読み解く力、データを適切に説明する力、データを適切に扱う力を身につける必要があります。

データを適切に読み解くためには、基礎数学(統計数理基礎)に関するスキルが必要になります。データの種類や分布、相関と因果、母集団と標本について学ぶことで、データに基づき論理的に意思決定する力を身につけます。新聞や雑誌、ニュース記事では、さまざまな調査データが統計情報として掲載されています。これらの統計情報を読み解く際は、データの分布やばらつき、母集団を意識してデータに向き合う必要があります。実社会では平均値と最頻値が一致しないことが多く、平均値だけを見ても実態を正しく把握することはできません。また、統計情報によっては、発表者の都合によって恣意的に一部のデータだけが公開される場合もあり、注意が必要です。データを適切に読み解く力を身につけることによって、不適切に作成されたグラフや数字にだまされず、起きている事象の背景やデータの意味合いを理解できるようになります。

研究や仕事の現場では、データを読み解く力と同様に、データを適切に説明する力、データを適切に扱う力も重要になります。データを適切に説明するためには、データの特性に合わせた図表表現を知るとともに、データの比較対象を正しく設定するスキルが必要になります。条件をそろえた比較や、処理の前後での比較など、適切な比較対象を設定するスキルが求められます。また、研究や仕事の現場では、数百件～数千件のデータを頻繁に扱うため、小規模なデータを集計/加工するスキルも必要になります。スプレッドシート等を使って、データを並び替えたり、合計や平均などの集計値を算出したりするスキルが求められます。これらのスキルを身につけることで、起きている事象を適切に表現し説明できるようになります。

データリテラシー（基礎）の学修項目

2.データリテラシー	キーワード(知識・スキル)
2-1. データを読む	・データの種類(量的変数、質的変数) ・データの分布(ヒストグラム)と代表値(平均値、中央値、最頻値)(DS3,10,67参照) ・代表値の性質の違い(実社会では平均値＝最頻値でないことが多い) ・データのばらつき(分散、標準偏差、偏差値)(DS4参照) ・観測データに含まれる誤差の扱い ・打ち切りや脱落を含むデータ、層別の必要なデータ ・相関と因果(相関係数、疑似相関、交絡)(DS7,9参照) ・母集団と標本抽出(国勢調査、アンケート調査、全数調査、単純無作為抽出、層別抽出、多段抽出) ・クロス集計表、分割表、相関係数行列、散布図行列(DS68,125参照) ・統計情報の正しい理解(誇張表現に惑わされない)(DS119参照)
2-2. データを説明する	・データ表現(棒グラフ、折線グラフ、散布図、ヒートマップ)(DS69,105参照) ・データの図表表現(チャート化) ・データの比較(条件をそろえた比較、処理の前後での比較、A/Bテスト) ・不適切なグラフ表現(チャートジャンク、不必要な視覚的要素) ・優れた可視化事例の紹介(可視化することによって新たな気づきがあった事例など)
2-3. データを扱う	・データの集計(和、平均) ・データの並び替え、ランキング ・データ解析ツール(スプレッドシート) ・表形式のデータ(csv)

出展：数理・データサイエンス教育強化拠点コンソーシアム

スキルを高めるための学習ポイント

- データを読み解く際は、データの分布やばらつき、母集団を意識するようにしましょう。
- さまざまな種類のデータを可視化してみることによって、データの特性に合わせた図表表現を学びましょう。
- データを扱う力を身につけるために、自ら手を動かして何度もデータを集計／加工してみましょう。

5-3-2. データリテラシー（基礎）で学ぶスキル／知識

データリテラシー（基礎）で学ぶスキル／知識は、データサイエンス領域の「基礎数学」「性質・関係性の把握」「サンプリング」「データ可視化」「データの理解・検証」「意味合いの抽出、洞察」および、データエンジニアリング領域の「データ加工」「データ共有」、ビジネス領域の「行動規範」「論理的思考」「ビジネス観点のデータ理解」に対応します。これらのスキルを学ぶことで、日常生活や仕事の場でデータ・AIを使いこなすための基礎的素養を身につけます。

データリテラシー（基礎）に対応するスキルカテゴリ

章	スキルカテゴリ
第2章　データサイエンス	基礎数学、性質・関係性の把握、サンプリング、データ可視化、データの理解・検証、意味合いの抽出、洞察
第3章　データエンジニアリング	データ加工、データ共有
第4章　ビジネス	行動規範、論理的思考、ビジネス観点のデータ理解

■データサイエンス

基礎数学（DS3,4,7,8）や、性質・関係性の把握（DS67,68,69）、サンプリング（DS82）、データの理解・検証（DS144,153,156,158）、意味合いの抽出、洞察（DS167,168）を学ぶことで、データの特徴を読み解き、起きている事象の背景や意味合いを理解するスキルを身につけます。また、比較対象を正しく設定し、数字を比べるスキルを身につけます。

データ可視化（DS105,106,118,119,120,123,133,135）を学ぶことで、不適切に作成されたグラフ/数字に騙されず、適切な可視化手法を選択し、他者にデータを説明するスキルを身につけます。

■データエンジニアリング

データ加工（DE76,78,86）や、データ共有（DE90）を学ぶことで、スプレッドシート等を使って、小規模データを集計・加工するスキルを身につけます。

■ビジネス

行動規範（BIZ2,3,4）や、論理的思考（BIZ25,29）、ビジネス観点のデータ理解（BIZ68,71）を学ぶことで、データを読み解く上でドメイン知識が重要であることや、データの発生現場を確認することの重要性を理解します。

5-3-3. データリテラシー（基礎）の重要キーワード解説

データリテラシー（基礎）で学ぶスキル／知識の中から、重要なキーワードをピックアップして解説します。

データの分布と代表値

データを適切に読み解くためには、データの分布がどうなっているのか確認しながらデータに向き合う必要があります。例えば、厚生労働省から発表されている2019年の国民の平均所得金額は552万3千円となっています。平均値が552万3千円なので、日本国民の大部分は552万3千円の所得があると考えてよいでしょうか？　所得金額階級別のヒストグラムを確認すれば、世帯所得が200～300万円の世帯が最も多く、平均所得の世帯はそれほど多くないことがわかります。このように、平均値だけ見ても社会の実態をつかむことはできず、データの分布も含め確認する必要があります（DS3,4,10,67参照）。

図. 所得金額階級別世帯数の相対度数分布

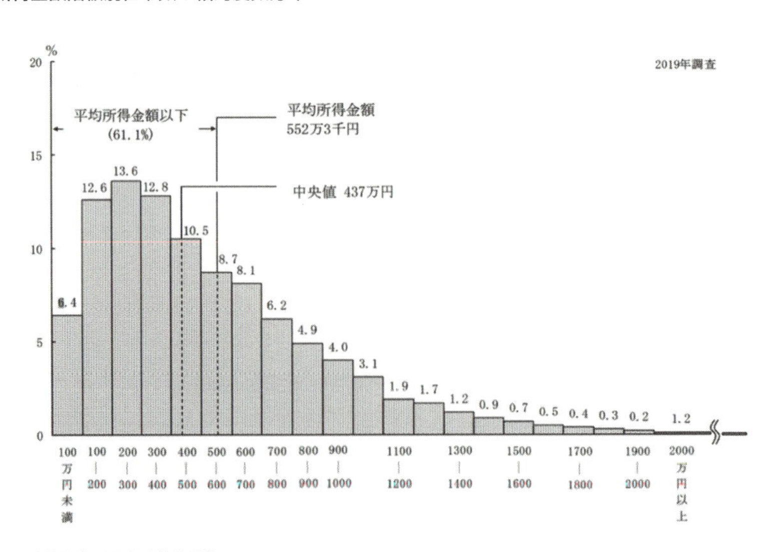

出典：厚生労働省 国民生活基礎調査

データの比較

データを比較する際は、同じ性質を持っているもの同士の比較となるように比較対象を設定する必要があります。これをapple to appleの比較といいます。これに対し、異なる性質のものを比較することをapple to orangeといいます。データを比較して説明する際は、apple to appleの比較となるように注意する必要があります。

例えば、スーパーマーケットの売上データを説明するシーンを考えてみましょう。2019年7月3日のスーパーマーケットの売上が普段より少ないと感じたため、売上減少に関する報告書を作成することにしました。この場合、どのデータと比較して売上が少なくなったと説明すれば良いでしょうか？　前日の2019年7月2日でしょうか？　それとも1年前の2018年7月3日でしょうか？　スーパーマーケットのような流通業では、データを比較する際は同曜日で比較するという考え方があります。これは平日と休日で来店するお客様が異なるため、単純に同じ日付のデータと比較してもapple to orangeの比較となり、違いを正しく判断できないからです。2019年7月3日は水曜日なので、前週と比較したいなら2019年6月26日（水曜日）を比較対象とし、前年と比較したいなら2018年7月4日（水曜日）を比較対象として設定します。このように適切な比較対象を設定するためには、そのデータに関するドメイン知識が必要になります。

図．スーパーマーケットにおける売上データの比較

2019年

月曜日	火曜日	水曜日	木曜日	金曜日	土曜日	日曜日
7月1日	7月2日	7月3日	7月4日	7月5日	7月6日	7月7日

前年比較

2020年

月曜日	火曜日	水曜日	木曜日	金曜日	土曜日	日曜日
6月22日	6月23日	6月24日	6月25日	6月26日	6月27日	6月28日
6月29日	6月30日	7月1日	7月2日	7月3日	7月4日	7月5日

前週比較

5-4-1. データ・AI利活用における留意事項(心得)で学ぶこと

データ・AI利活用における留意事項(心得)では、データ・AIを利活用する際に求められるモラルや倫理について学びます。

近年、個人情報保護法やEU一般データ保護規則(GDPR)など、データに関する規則やガイドラインを整備する動きが加速しています。内閣府からは「人間中心のAI社会原則」が発表され、AIが社会に受け入れられ適正に利用されるためには、公平性や説明責任、透明性などが重要であるとしています。データ・AIは社会を豊かにするという良い側面を持つ一方で、これから社会全体で検討が必要な課題も多く生み出しています。データバイアスやアルゴリズムバイアス、AIサービスの責任論について学ぶことで、データ駆動型社会における脅威(リスク)を知り、データ・AIを扱う上での留意事項を理解します。

また、データ駆動型社会においては、自ら情報セキュリティに対する意識を高め、自身のデータを守るという考え方が必要になります。情報セキュリティや匿名加工情報、暗号化について学ぶことで、個人のデータを守るために留意すべき事項を理解します。

データ・AI利活用における留意事項用(心得)の学習項目

3.データ・AI利活用における留意事項	キーワード(知識・スキル)
3-1. データ・AIを扱う上での留意事項	・ELSI (Ethical, Legal and Social Issues) ・個人情報保護、EU一般データ保護規則(GDPR)、忘れられる権利、オプトアウト ・データ倫理：データのねつ造、改ざん、盗用、プライバシー保護 ・AI社会原則(公平性、説明責任、透明性、人間中心の判断) ・データバイアス、アルゴリズムバイアス(DS177参照) ・AIサービスの責任論 ・データ・AI活用における負の事例紹介
3-2. データを守る上での留意事項	・情報セキュリティ：機密性、完全性、可用性 ・匿名加工情報、暗号化、パスワード、悪意ある情報搾取 ・情報漏洩等によるセキュリティ事故の事例紹介

出展：数理・データサイエンス教育強化拠点コンソーシアム

● スキルを高めるための学習ポイント

- 過去にあった不適切なデータ利用やセキュリティ事故の事例を調査し、データ駆動型社会における脅威(リスク)を確認してみましょう。

5-4-2. データ・AI利活用における留意事項(心得)で学ぶスキル/知識

データ・AI利活用における留意事項(心得)で学ぶスキル/知識は、データサイエンス領域の「機械学習技法」および、データエンジニアリング領域の「ITセキュリティ」、ビジネス領域の「行動規範」に対応します。これらのスキルを学ぶことで、データ・AIを適切に活用するための心構えを身につけます。

データ・AI利活用における留意事項(心得)に対応するスキルカテゴリ

章	スキルカテゴリ
第2章　データサイエンス	機械学習技法
第3章　データエンジニアリング	ITセキュリティ
第4章　ビジネス	行動規範

■データサイエンス

機械学習技法(DS177)を通して、データバイアスやアルゴリズムバイアスについて学ぶことで、データ駆動型社会における脅威(リスク)を理解します。

■データエンジニアリング

ITセキュリティ(DE129,131,139)について学ぶことで、情報セキュリティ対策を検討する際のポイント(セキュリティの3要素:機密性、可用性、完全性)を理解します。また、マルウェアなどによる深刻なリスク(消失・漏洩・サービスの停止など)を学ぶことで、個人のデータを守るために留意すべき事項を理解します。

■ビジネス

行動規範(BIZ9,12)を学ぶことで、データのねつ造、改ざん、盗用を行わないなど、データ・AIを利活用する際に求められるモラルや倫理について理解します。また、個人情報保護法やEU一般データ保護規則(GDPR)など、データを取り巻く国際的な動きを理解します。

5-4-3. データ・AI利活用における留意事項(心得)の重要キーワード解説

データ・AI利活用における留意事項(心得)で学ぶスキル/知識の中から、重要なキーワードをピックアップして解説します。

ELSI

ELSIとは、「倫理的・法的・社会的課題(Ethical, Legal and Social Issues)」の頭文字を取った言葉で「エルシー」と読みます。科学技術を開発・展開した結果起こりうる倫理的課題・法的課題・社会的課題について考える必要性を提唱した概念で、あらゆる科学分野で検討が必要とされています。世界中でAI技術の研究が進む中、AIが社会に受け入れられ適正に利用されるために、ELSIについて検討することが求められています。

AIは社会を豊かにするという良い側面を持つ一方で、これから社会全体で検討が必要な課題も多く生み出しています。例えば、自動運転車が事故を起こした場合の責任論や、防犯・監視カメラによるプライバシー問題、消費者の購買ログや行動ログの扱いなど、社会全体で継続的に検討していく必要があります。

ELSI	検討すべき観点
倫理的(Ethical)	人工知能技術のもたらす結果に対する倫理的側面や道徳性、価値などについて
法的(Legal)	人工知能技術を利活用する際に関連する法律や契約、人工知能技術のもたらす結果に対する責任、個人情報保護などについて
社会的(Social)	様々な人と人工知能技術との関わり方、人工知能技術の利活用によって副次的に生じうる社会問題などについて

出展:内閣府 人工知能と人間社会に関する懇談会 報告書

人間中心のAI社会原則

統合イノベーション戦略推進会議で2019年3月に決定した「人間中心のAI社会原則」では、①人間中心、②教育・リテラシー、③プライバシー確保、④セキュリティ確保、⑤公正競争確保、⑥公平性、説明責任及び透明性、⑦イノベーションの7つについて、今後の社会における課題とステークホルダーが留意すべき原則が示されています。AIが社会に受け入れられ適正に利用されるためには、本原則に留意しながらAIの社会実装を進めることが重要になります。

人間中心の AI社会原則	AI社会原則の内容(一部抜粋)
①人間中心 の原則	AIの利用は、憲法及び国際的な規範の保障する基本的人権を侵すものであってはならない
②教育・リテラシー の原則	教育・リテラシーを育む教育環境が全ての人に平等に提供されなければならない
③プライバシー確保 の原則	パーソナルデータが本人の望まない形で流通したり、利用されたりすることによって、個人が不利益を受けることのないようにパーソナルデータを扱わなければならない
④セキュリティ確保 の原則	社会は、常にベネフィットとリスクのバランスに留意し、全体として社会の安全性及び持続可能性が向上するように務めなければならない
⑤公正競争確保 の原則	新たなビジネス、サービスを創出し、持続的な経済成長の維持と社会課題の解決策が提示されるよう、公正な競争環境が維持されなければならない
⑥公平性、説明責任 及び透明性の原則	AI の利用によって、人々が、その人の持つ背景によって不当な差別を受けたり、人間の尊厳に照らして不当な扱いを受けたりすることがないように、公平性及び透明性のある意思決定とその結果に対する説明責任(アカウンタビリティ)が適切に確保されると共に、技術に対する信頼性(Trust)が担保される必要がある
⑦イノベーション の原則	Society 5.0 を実現し、AI の発展によって、人も併せて進化していくような継続的なイノベーションを目指すため、国境や産学官民、人種、性別、国籍、年齢、政治的信念、宗教等の垣根を越えて、幅広い知識、視点、発想等に基づき、人材・研究の両面から、徹底的な国際化・多様化と産学官民連携を推進するべきである

出展：統合イノベーション戦略推進会議決定 人間中心のAI社会原則

5-5. 数理・データサイエンス・AI（リテラシーレベル）を詳しく学ぶ

数理・データサイエンス・AI（リテラシーレベル）をもう少し詳しく勉強したい方は、次のWebサイトや書籍を参考にしてください。本書で触れることのできなかったスキル／知識について詳しく学ぶことができます。

■ Webサイト

数理・データサイエンス教育強化拠点コンソーシアムでは、数理・データサイエンス・AI（リテラシーレベル）モデルカリキュラムに対応した講義動画やスライド教材をWebサイト上で公開しています。モデルカリキュラムの「導入」「基礎」「心得」に対応するキーワード（知識・スキル）が一通り網羅されています。

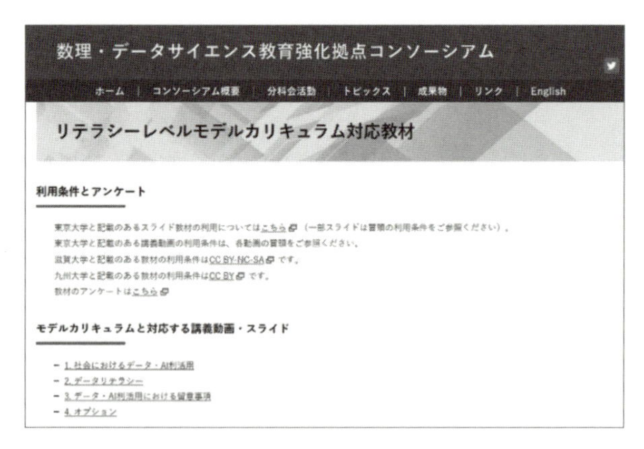

出展：数理・データサイエンス
教育強化拠点コンソーシアム
http://www.mi.u-tokyo.ac.jp/consortium/e-learning.html

書籍

数理・データサイエンス教育強化拠点コンソーシアムで定義したスキルセットに依拠した教科書シリーズとして「データサイエンス入門シリーズ（講談社）」が刊行されています。リテラシーレベルのモデルカリキュラムに対応した教科書として「教養としてのデータサイエンス」があり、データサイエンティスト検定の試験範囲となっている「導入」「基礎」「心得」について一通り学ぶことができます。

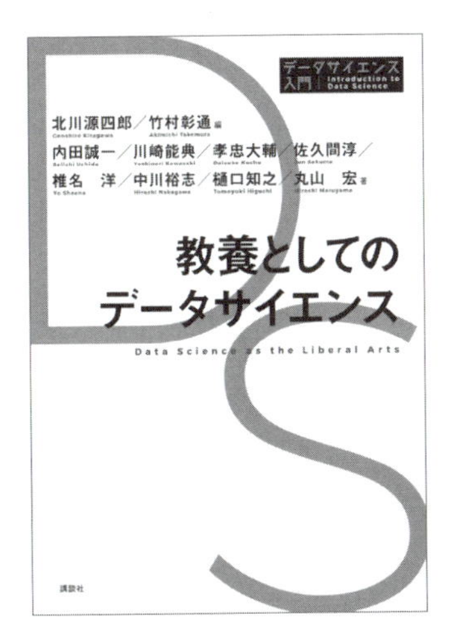

出展：講談社
データサイエンス入門シリーズ
https://www.kspub.co.jp/book/series/S137.html

データサイエンティスト検定™ リテラシーレベル

模擬試験

問題数：45問

データサイエンス：15問
データエンジニアリング：10問
ビジネス：10問
数理・データサイエンス・AI（リテラシーレベル）モデルカリキュラム：10問

制限時間：45分

※実際の試験は、問題数80問程度、試験時間90分とされています。

クラス40人のうち、25人が犬好き、24人が猫好きで、5人が犬も猫も好きではない。犬好きを1人無作為抽出したとき、その人が猫好きでもある確率を、次の選択肢から1つ選べ。

a. 35/96

b. 5/12

c. 14/25

d. 3/4

以下のデータの標準偏差として、次の中で最も適切なものを1つ選べ。
5, 1, 0, −1, 6

a. 2.79

b. 9.61

c. −9.61

d. −2.79

データサイエンス

ある企業で実施した100m走のタイム計測において、タイムが速い集団は給与が高い人が多いという傾向が見られた。これから言えることとして、最も適切なものを次の中から1つ選べ。

a. 100m走のタイムと給与の額には相関がある

b. 給与の額が高いと、100m走のタイムが速くなる

c. 給与の額が高い人は運動神経が良い

d. 給与の額が高い人は優秀である

以下の多変数関数zを、変数xで偏微分した結果を、次の中から1つ選べ。

$z=8x^2+3y^2+x+7y+3$

a. $16x+6y+8$

b. $16x+1$

c. $8x+1$

d. $8x+3y+8$

Q5

次の文章の(　1　)(　2　)に当てはまるものを、次の中から1つ選べ。

重回帰分析における偏回帰係数とは、回帰分析を実行した際に得られる回帰方程式の(　1　)の係数のことをいう。これを(　2　)して得られるものが標準偏回帰係数で、(　1　)の重要度判断に用いることができる。

a. (　1　)目的変数　(　2　)標準化

b. (　1　)説明変数　(　2　)分散化

c. (　1　)説明変数　(　2　)標準化

d. (　1　)目的変数　(　2　)分散化

SVMを実行して予測した結果、混同行列から以下のような結果が得られた。このとき、Precisionの値は次のうち、最も近いものを1つ選べ。

a. 0.79

b. 0.81

c. 0.82

d. 0.85

		予測	
		故障する	故障しない
実測	故障する	110	30
	故障しない	20	120

データサイエンス

Q7

あなたは機械学習における過学習を避けるため、交差検証法を用いて学習データと評価データを分割した。いま、モデリングのために用意されているデータは1万件ある。学習データを8千件として交差検証を行う場合、1つのモデルに対して学習と評価の実行を何回行うことになるか。最も適切なものを、次の中から1つ選べ。

a. 2回

b. 4回

c. 5回

d. 2,000回

Q8

夏期講習を受講した生徒の学力が受講前の学力よりも高くなることを検証したい。このとき、帰無仮説および対立仮説の組み合わせとして、最も適切なものはどれか。

a. 帰無仮説：夏期講習前後で生徒の学力に差はない
   対立仮説：夏期講習後の生徒の学力のほうが高い

b. 帰無仮説：夏期講習後の生徒の学力のほうが高い
   対立仮説：夏期講習後に生徒の学力に差はない

c. 帰無仮説：夏期講習前後で生徒の学力に差はない
   対立仮説：夏期講習後で生徒の学力のほうが低い

d. 帰無仮説：夏期講習前の生徒の学力のほうが低い
   対立仮説：夏期講習後の生徒の学力のほうが高い

以下に記した階層クラスター分析の結果に対する説明として、次の中で最も適切でないものを1つ選べ。

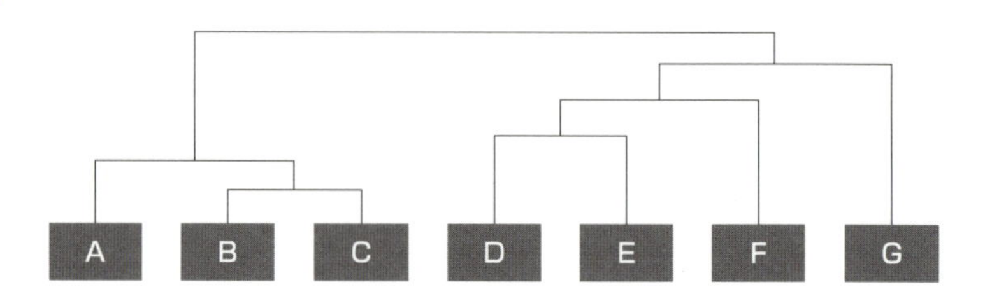

a. 5つに分ける場合、(A)(BC)(DE)(F)(G)となる

b. 4つに分ける場合、(ABC)(DE)(F)(G)となる

c. BとCは類似度が高い

d. 3つに分ける場合、(ABC)(DEF)(G)となる

あなたはプレゼンテーションを行うにあたり、わかりやすく適切に説明するため、データを用いたグラフ表現を活用することにした。最も適切な表現ができているものを、次の中から1つ選べ。

a. ある部門のコストが0.1%の範囲で増減していることを説明するため、原点を0にしない折れ線グラフで示した

b. テスト結果をヒストグラムで表現する際に、各層のデータを1つずつわかりやすく示すために、それぞれ違う色で表現した

c. 過去のトラブルの原因を割合で示すため円グラフを作成したが、一番の原因をわかりやすく示すために3D円グラフで立体的に示し、一番手前の領域に示したい項目がでるように並べて表現した

d. ゲリラ豪雨の発生回数が年々増加していることを示すために、毎年のゲリラ豪雨の発生回数を棒グラフで表示し、棒グラフに右肩上がりの矢印を重ねてわかりやすく表現した

データサイエンス

Q11

データを可視化することで見えるデータの性質や関係性について、次の中で最も適切でないものはどれか。

a. 相関係数

b. データの異常値や外れ値の存在

c. 周期性とノイズ

d. 対象間の類似性

次の文章の(　1　)(　2　)に当てはまるものを、次の中から1つ選べ。

外れ値を検出する方法として、標準偏差と平均値を用いた方法や、箱ひげ図と四分位数(四分位偏差)を用いたものがある。標準偏差と平均を用いる場合、そもそも(　1　)が(　2　)に引っ張られるため注意する必要がある。

a. (　1　)平均　(　2　)外れ値

b. (　1　)外れ値　(　2　)平均

c. (　1　)標準偏差　(　2　)四分位数

d. (　1　)標準偏差　(　2　)平均

あるモデルに対して、学習用データに対する予測精度が98%、テストデータに対する予測精度が65%であった。この結果に対する考察として、最も適切なものはどれか。

a. モデルが学習データに対して過学習している可能性が高いので、対策として正則化をするべきである

b. モデルが学習データに対して過学習している可能性が高いので、対策としてパラメーターを増やすべきである

c. モデルが学習データに対して学習不足なので、学習データを増やしたり、パラメーターの数を増やすべきである

d. モデルが学習データに対して学習不足なので、より複雑なアルゴリズムを用いるべきである

ラクダが映っている画像を分類するため、畳み込みニューラルネットワークを学習させる。学習データに使用するデータは10,000枚で、そのうち200枚にラクダが映っている。ラクダが映っている学習データのうち98%が砂漠で撮られたもので、2%が動物園で撮られたものである。このモデルが引き起こしうる問題点として、最も適切でないものを、次の中から1つ選べ。

a. 畳み込みニューラルネットワークは、ラクダのような複雑な形のものを認識するのに適していないため、分類精度が低いモデルになる可能性がある

b. 学習データの数に対して、ラクダが映っている画像の数が極端に少ないので、学習の工夫をしなければ分類精度が低いモデルになる可能性がある

c. ラクダが映っている画像のほとんどが砂漠で撮られたものなので、他の場所で撮られたラクダが映っている画像に対して、分類精度が低いモデルになる可能性がある

d. 学習データ中に、ラクダが映っていない砂漠の画像がない場合、モデルが、砂漠の特徴をラクダの特徴として認識する可能性がある

画像データに対する代表的なクリーニング処理の1つである「パディング」とはどのような処理か。次の中から、最も適切なものを1つ選べ。

a. 画像サイズを変更する処理

b. 不足する部分を適当な色のピクセルで埋め合わせる処理

c. 画像を特定のサイズになるように切り落とす処理

d. ピクセルの濃淡度やRGBの最大値と最小値を統一する処理

あなたは操作可能なリレーショナルデータベースから、SQLを使ってデータを抽出するように依頼を受けた。次のデータのうち、一般的にリレーショナルデータベースには格納されないデータはどれか。最も適切なものを1つ選べ。

a. 販売個数のデータ

b. 定価データ

c. 客数データ

d. 顧客画像データ

あなたは、社内にあるER図を受け取り、データの関係性を説明するように依頼を受けた。ER図で表現できるリレーション(関係)から説明できないものは次の中でどれか。最も適切なものを1つ選べ。

a. データ間の相関関係

b. データが双方存在する依存関係

c. データが片方しか存在しない非依存関係

d. n:mの関係

Q18

以下のデータ定義が用意されている。現時点のデータ正規化レベルとして、最も適切なものとして次の中から1つ選べ。

・顧客テーブル(顧客ID,顧客氏名,顧客生年月日)
・会員レベルテーブル(顧客ID,会員レベルID,会員レベル,登録最新年度)
※顧客IDで顧客を一意に特定できる
※会員レベルIDで会員レベルを一意に特定できる

a. 非正規化

b. 第一正規化

c. 第二正規化

d. 第三正規化

あなたは社内のログデータの分析基盤であるHadoopを活用できるようになった。Hadoopで構築されたシステムにデータを格納する際に留意する事項として、次の中から最も適切なものを1つ選べ。

a. Hadoopは、非構造化データの格納のみをサポートしており、構造化データの格納はあまり推奨されていない

b. Hadoopでは、特定のレコードを指定したデータの更新はあまり推奨されていない

c. 構成するノードの数に応じてデータフォーマットの仕様が異なるので注意する必要がある

d. Hadoopは複数サーバから構成されるため、データを格納するサーバを指定する必要がある

以下の抽出条件をSQLのWHERE句で実現する際の表記として、最も適切なものを次の中から1つ選べ。

【抽出条件】
未成年(AGE)で携帯番号(Phone)が未入力

a. WHERE Phone IS BLANK and AGE < 20

b. WHERE Phone ="" and AGE < 20

c. WHERE Phone = NULL and AGE <= 19

d. WHERE Phone IS "000-000-0000" and AGE <= 19

あなたはお客さまからCSV形式の修正用データを、データベースに反映するように依頼を受けた。もらったCSVの中には、日付データとして、文字列'20210901'が含まれていたので、あなたは日付型に変換してDBに格納する必要があった。日付型への変換を実現するSQL関数とその呼び出し構文として、次の中で最も適切なものを1つ選べ。

a. DATE('20210901')

b. DATE_TRANSFORM('20210901','YYYYMMDD')

c. TEXT_TO_DATE('20210901')

d. TO_DATE('20210901','YYYYMMDD')

Q22

あなたは、管理職が閲覧するダッシュボードを作成することになった。自社では、BIツールを使ってダッシュボードを作っている。BIツールで任意のグラフを作成する操作として必要性が最も低い作業を、次の中から1つ選べ。

a. ダッシュボードで可視化する対象のデータソースやデータ項目を選ぶ

b. 一番見やすいグラフの種類(円グラフや棒グラフなど)を選ぶ

c. ダッシュボードで可視化するデータの作成年月日を設定する

d. ダッシュボードで可視化の対象範囲となるデータの絞込条件を設定する

Q23

お客さまから「売上データを定期的にBIツールで可視化できるよう、毎週該当するデータをすべて引き渡してほしい」という依頼があった。あなたは、今回の依頼に沿うプログラムを実装する担当となった。その際に上司から「データ量が大きいので気を付けるように」とのコメントをもらった。そこで、次の中でどのデータフォーマットでの受け渡しを提案すればよいか、最も適切なものを次の中から1つ選べ。

a. json

b. CSV

c. XML

d. HTML

データエンジニアリング

あなたはデータサイエンティストとして、自社のデータベースをSQLで操作できる権限をもらえることになった。当面の仕事はデータの抽出であり、データベースにあるレコードの書き換えは行わないということであった。次のSQLのDMLの中で、あなたに与えられた権限として、最も適切なものはどれか、1つ選べ。

a. SELECT

b. INSERT

c. UPDATE

d. DELETE

以下のSQLを実行することで表示される結果として、次の説明の中で最も適切なものを1つ選べ。

```
SELECT 年収調査.都道府県名, AVG(年収調査.年収)
FROM 年収調査
WHERE 20<= 年収調査.年齢　AND 年収調査.年齢<30
GROUP BY 年収調査.都道府県
ORDER BY AVG(年収調査.年収) DESC
```

a. 都道府県別に20代の最低年収を抽出し、最低年収の昇順で都道府県名とともに表示する
b. 都道府県別に20代の平均年収を集計し、平均年収の昇順で都道府県名とともに表示する
c. 都道府県別に20代の平均年収を集計し、平均年収の降順で都道府県名とともに表示する
d. 都道府県別に20代の最高年収を抽出し、最高年収の降順で都道府県名とともに表示する

Q26

あなたは、再生可能エネルギーを開発・販売する企業のデータサイエンティストとして新たに入社した。最初のプロジェクトとして、現在商品化を迎えつつある新エネルギー商品の営業支援を行うと聞いている。すでに、いくつかのデータも受け取っている中で、あなたが行うべきこととして、最も適切でないものを1つ選べ。

a. まずは、受け取ったデータをすべて結合して機械学習を実行した

b. 営業支援として何ができるか、同期の営業にヒアリングした

c. 顧客への営業活動から、納品・請求までの業務プロセスを確認した

d. まずは、受け取ったデータがどのようなものかを確認し、必要に応じて社内でヒアリングした

Q27

あなたは、飲食店チェーンの需要予測を行うことになり、顧客にヒアリングを行い、以下のような話を聞くことができた。「近隣地域にある学校で行事があるとお客さんが増えるので、ホールスタッフの人員を多く配置してきた。クリスマスやバレンタインなども同様にお客さんが増える。こういう日はワインの発注も増加する。金曜夜や土日の昼もお客さんは多い。少ないのは月曜である」。あなたが、「ヒアリング結果からの仮説」として立案したものとして、最も適切でないものを1つ選べ。

a. 行事やイベントが近隣で開かれると需要が増えるのではないか

b. 曜日による周期性があるのではないか

c. 曜日×昼夜でも需要に違いがあるのではないか

d. DMをまくと需要が増えるのではないか

あなたは、アパレル通販企業から依頼を受け、広告配信量と気象条件が売上にどのような関係があるかを見出すデータ分析プロジェクトに従事している。依頼主からは、ブランドごとのインターネット広告配信量と、郵便番号単位での2年間の気象データ、ブランドごとの月次売上データを受領した。ところが、データの確認を進めていく中で、とあるブランドの売上データが一時的に2ヶ月分欠けていることに気づいた。このときの対処として、次の中で最も適切でないものはどれか。

a. 一旦、その期間のブランドの売上データとして0を埋めて分析した

b. 依頼主に連絡してデータの再取得を依頼した

c. 依頼主に連絡して欠けているデータの理由を相談した

d. 一旦、その期間のブランドのデータは分析対象外とした

あなたは化粧品市場の実態調査のため、アンケートの設問を設計した。次の中で、データや調査内容の重複が起きない設問として、最も適切なものを1つ選べ。

a. 「知っている化粧品ブランド名」「近所で販売している化粧品ブランド名」「近所では販売していない化粧品ブランド名」

b. 「生年月日」「性別」「未既婚」「年代」

c. 「おススメする化粧品ブランドをすべて」「おススメしない化粧品ブランドをすべて」

d. 「住居の形態(持ち家、アパート等)」「居住している都道府県」「居住している地域(関東、関西等)」

Q30

あなたは、スポーツ用品メーカーX社の商品開発部門のデータサイエンティストである。上司から、「これからは環境視点が重要であり、我社の製品が他社より環境に配慮した商品であることを担保しているという発信をしていきたい」という依頼を受けた。あなたは、早速自社製品に対する環境視点での評価を問うアンケートを、自社会員として登録している顧客に対して行い、「環境視点での評価が高い」という結果を示す資料を作成し、上司に提出した。しかし、上司からは「この結果では、弊社製品が環境視点に配慮しているとは言えない」と差し戻された。上司が差し戻した理由として、次の中で最も適切でないものを1つ選べ。

a. 今回のアンケートでは自社製品についてしか聞いておらず、他社と比較した結果になっていないため
b. 顧客の評価ではなく、自社製品の環境性能について訴求・発信していきたいため
c. 自社製品の顧客に偏ったアンケートしかとっておらず、偏った意見になっている可能性があるため
d. 環境視点についてしか聞いておらず、費用や使いやすさについても聞いたほうが、今後の役に立つため

Q31

あなたは、英単語を学習するアプリを開発している企業で分析を担当している。学習アプリの使用状況を分析するアプローチとして、次の中で最も適切でないものを1つ選べ。

a. 直近の学習日と学習内容を集計し、脱落要素を分析する
b. 都道府県別に生徒の学習進捗率を集計し、都道府県別の課題を分析する
c. 累計学習時間と学習進捗状況を生徒ごとに集計し、適切に学習できているかどうかを分析する
d. 間違いの多い問題がないかを集計し、問題の難易度を分析する

あなたは、書籍販売企業から、売上減少の原因について分析してほしいと依頼を受けた。分析に入る前のデータ入手における行動として、次の中で最も適切でないものを1つ選べ。

a. 書籍や出版業界におけるデータを一通りリスト化し、依頼元が保有しているデータについて確認する

b. 依頼元のシステムにあるデータの中で、今回の分析に関係するであろうデータを依頼元に選んでもらい、データを送ってもらうように手配する

c. データを入手時に別途追加費用が必要なデータがないかを確認する

d. 売上減少の原因について仮説を立案し、関係者にヒアリングし、必要なデータを特定する

あなたは、化粧品メーカーに務めるデータサイエンティストである。「サイトに頻繁にアクセスする顧客は、たくさん購入してくれる」という仮説で分析を進めてきたが、結果はそこまではっきりいえるものではなかった。このときにとる対応として、次の中で最も適切でないものを1つ選べ。

a. 仮説が正しいと捉えられる期間にデータに絞り、再度仮説の正しさを検証する

b. 頻繁にアクセスする方がどのページにアクセスしているのか、どのような導線をたどっているのかを分析する

c. 想定外の結果であったため、なぜ想定と異なったかを関係者で議論する

d. 分析方法に誤りがなかったかを再度見直す

Q34

データの可視化結果や、分析結果から「意味合い」を見出すための行動として、次の中で最も適切でないものを1つ選べ。

a. 異常値や外れ値は、データ収集時や集計時のミスであるため、事前に該当するデータを削除した上で全体の傾向を捉える

b. グラフや集計表から特徴的な場所を見出し、更に細かく分解したり、ローデータを見たりしながら、何が起きているかを考える

c. データの可視化結果や分析結果を踏まえ、データだけでは見えない現場で起きている事象を、専門家を交えて把握する

d. データの可視化や分析前に立案した仮説に対して、結果を踏まえて検証し、当初想定していたことが起きているかどうかを確認する

Q35

あなたは機械学習手法を用いて、金融系サービスの不正取引検知のシステムを開発し、無事納品できた。6ヶ月後に、納品先の担当者から「最近は平均して20%近く予測が外れるので改善をしてほしい」と連絡があった。次の中で、あなたが行うべき行動として、最も適切なものを1つ選べ。

a. モデルを急ぎ見直して、最新モデルを提供する

b. 納品先での利用方法に間違いがないか確認する

c. 6ヶ月前の精度が高かったことを再度証明する

d. モデルの見直し頻度を納品先と決め、継続的なモデルの見直しをおこなっていく

次の用語の解説の中で、最も適切でないものを1つ選べ。

a. CPS（Cyber-Physical System：サイバーフィジカルシステム）とは、IoTを用いたデジタルデータの収集、蓄積、解析、解析結果の実世界への還元やフィードバックという実世界とサイバー空間との相互連関サイクルの仕組みを指す

b. AI（人工知能）が評価される要因として、人間のようなヒューマンエラーをおかさず、プログラムしたとおり正確に緻密に動けることが挙げられる

c. ビッグデータが注目を集めるようになった背景の1つには、構造化データに加え画像、動画、テキスト、音声などの多種多様なデータが扱えるようになったことが挙げられる

d. IoTは、Internet of Thingsの頭文字をとってできた言葉で、日本語では「モノのインターネット」と訳される。様々なモノがインターネットにつながることを指し、センサー等によって現実社会がデジタルデータ化され、ネットワークに流通し、活用されることを意味する

ロボットの説明として、次の中で、最も適切でないものを1つ選べ。

a. ロボットは、最近では、状況に応じて柔軟かつ高度に動作するようになり、いまやAI（人工知能）やIoTに取って代わる技術として、様々な分野での効果が期待される

b. 顧客接点を担うようなサービス分野においても、人と人の対応を補完するロボットの利用が進みつつあり、省力化や多言語対応などの効果が期待される

c. 産業用ロボットは、人の腕（アーム）のような動きをスピーディに行うロボットが導入され、工場の省力化だけでなく労働力不足や長時間作業による生産量の増加などの効果が期待される

d. ロボットは、かつては決まった動作を繰り返すことしかできなかったが、最近は人間のような精密・緻密な動作を行えるようになったことで活用範囲が広がり、様々な分野での効果が期待される

CPS（Cyber-Physical System）によるデータ駆動型社会の説明として、次のうち最も適切なものを1つ選べ。

a. データ駆動型社会とは、CPSがIoTによるモノのデジタル化・ネットワーク化によってさまざまな産業社会に適用され、デジタル化されたデータが、インテリジェンスへと変換されて現実世界に適用されることによって、データが付加価値を獲得して現実世界を動かす社会のことを指す

b. データ駆動型社会とは、データを使って人間の思考に近い機能を有するソフトウェアを作り出し、そのソフトウェアを活用して、ロボットが人間のように自動的に動くシステムの全体像を指す

c. データ駆動型社会とは、CPSのプロセスにおいて、データを石油のように原動力として、社会を加速させるコンピュータシステムを有する社会のことを指す

d. データ駆動型社会とは、さまざまなモノがインターネットにつながることであり、CPSのプロセスのうち、センサー等によって現実社会がデジタルデータ化され、ネットワークに流通することを指す

あなたは、自社にあるデータのオープンデータ化について検討を開始した。次のオープンデータ化の検討において、最も適切でないものを1つ選べ。

a. 自社の全国に多数ある支店に設置したIoTセンサーを使った温度や湿度などのデータを、自由に使用・再配布できるよう、ローデータのままAPIで取得可能なオープンデータとして公開した

b. 自社の全国に多数ある支店の売上データを、誰もが自由に使用・再配布できるよう、ローデータのままCSV形式のオープンデータとして公開した

c. 自社の全国に多数ある支店のロケーションデータ（緯度経度など）を、自由に使用・再配布できるよう、CSV形式のオープンデータとして公開した

d. 自社の全国に多数ある支店で扱われている商品メタデータ（商品IDや商品名など）を、自由に使用・再配布できるよう、json形式のオープンデータとして公開した

以下のデータを使ってヒストグラムを作成する場合、設定する階級幅として次の中から最も適切なものを1つ選べ。

4, 6, 6, 10, 14, 14, 15, 16, 19, 22, 22, 23, 26, 30, 30, 32, 32, 32, 33, 34, 34, 39, 42, 44, 44, 46, 52, 54, 54, 58

a. 1

b. 10

c. 30

d. 60

社会問題を分析する際に、過去10年の各都市における犯罪発生率と貧困率のデータに関係性があるか、まずは分析してみることになった。この分析の背景として考えられる仮説として、次の中で最も適切なものを1つ選べ。

a. 相関関係も因果関係もある

b. 相関関係はあるが、因果関係はない

c. 因果関係はあるが、相関関係はない

d. 相関関係も因果関係もない

Q42

国民生活基礎調査では、全国の世帯と世帯員が調査対象となるが、母集団名簿の作成が困難なため、観察単位をグループ(地区など)にまとめ、そのグループの全世帯を対象とした調査を行う。この調査法のメリットは、調査対象となるグループの全世帯が対象となるので、出現頻度が低い事業ももれなく把握できることにある。この調査法の枠組みとして、次の中から最も適切なものを1つ選べ。

a. 単純無作為抽出法

b. 層化無作為抽出法

c. 集落抽出法

d. 多段抽出法

Q43

あなたは多変量のデータを渡されグラフを作成することになった。次の中から、最も正しくないものを1つ選べ。

a. 6変数の属性の違いを比較するために、平行座標を利用して、50件のデータを可視化した

b. 3変数のばらつきをみるために、3次元散布図を利用して、50件のデータを可視化した

c. 4変数のばらつきを可視化するために、4色で色分けしたヒートマップを利用して、50件のデータを可視化した

d. 5変数のばらつきをみるために、2変数を組み合せた散布図行列を利用して、50件のデータを使って可視化した

自社のECサイトに訪れるお客さまのアクセスログの活用を進めることになった。実際に活用を進める際、次の利用に関する考え方の中で、最も適切でないものを1つ選べ。

a. お客さまがECサイトにアクセスする際にデータ活用に関する許諾を得るようにし、許諾を得られたお客さまのデータのみ分析・活用対象として利用する

b. お客さまのデータに対しても、個人情報に関しては十分に配慮し、個人を特定できないように匿名加工をした上で利用する

c. お客さまから削除要請のあった個人情報は、削除要請があった日付以降のデータを削除・利用できないように分析対象から外し、それ以外のデータを利用する

d. お客さまに許可をいただき、さらに匿名加工したデータのみが漏洩した場合、どのようなデータが漏洩したかを公開することが望ましい

近い将来に何が起きるかを予測する「予測的データ分析」に対して高い期待が寄せられる。予測的データ分析について、次の設問の中で最も適切に利用できていると思われるものを1つ選べ。

a. 気象予報に対して、過去の気象データや衛星データを使って予測的データ分析を行うことで、1ヶ月先の気象状況や雨量などを正確に予測できる

b. 株式市場や為替に対して、過去の時系列での変動データを使って予測的データ分析を行うことで、突発的に発生する市場の暴落を予測し、暴落によって発生する損害を未然に防ぐことができる

c. 工場の製造機械に対して、過去の故障履歴や経年変化を捉えるIoTデータを使って予測的データ分析を行うことで、機械の故障を検知し、実際に故障するかどうかを観察する

d. 工場の製造機械に対して、過去の故障履歴や経年変化を捉えるIoTデータを使って予測的データ分析を行うことで、機械の故障を検知し、未然に故障を防ぐのに用いられる

データサイエンティスト検定™
リテラシーレベル

模擬試験
解答例

データサイエンス

Q	解答	該当するスキルチェック項目			ページ
		スキルカテゴリ	サブカテゴリ	チェック項目	
1	c	基礎数学	統計数理基礎	条件付き確率の意味を説明できる	25
2	a	基礎数学	統計数理基礎	与えられたデータにおける分散と標準偏差が計算できる	28
3	a	基礎数学	統計数理基礎	相関関係と因果関係の違いを説明できる	32
4	b	基礎数学	微分・積分基礎	2変数以上の関数における偏微分の計算方法を理解している	50
5	c	予測	回帰/分類	重回帰分析において偏回帰係数と標準偏回帰係数、重相関係数について説明できる	55
6	d	予測	評価	混同行列(正誤分布のクロス表)、Accuracy、Precision、Recall、F値といった評価尺度を理解し、精度を評価できる	57
7	c	予測	評価	ホールドアウト法、交差検証(クロスバリデーション)法の仕組みを理解し、学習データ、パラメータチューニング用の検証データ、テストデータを作成できる	60
8	a	検定/判断	検定/判断	帰無仮説と対立仮説の違いを説明できる	63
9	a	グルーピング	グルーピング	階層クラスター分析において、デンドログラムの見方を理解し、適切に解釈できる	71
10	d	データ可視化	表現・実装技法	強調表現がもたらす効果と、明らかに不適切な強調表現を理解している(計量データに対しては位置やサイズ表現が色表現よりも効果的など)	87
11	a	データ可視化	意味抽出	データの性質を理解するために、データを可視化し眺めて考えることの重要性を理解している	94
12	a	データ可視化	意味抽出	外れ値を見出すための適切な表現手法を選択できる	95
13	a	機械学習技法	機械学習	過学習とは何か、それがもたらす問題について説明できる	111
14	a	機械学習技法	機械学習	観測されたデータにバイアスが含まれる場合や、学習した予測モデルが少数派のデータをノイズと認識してしまった場合などに、モデルの出力が差別的な振る舞いをしてしまうリスクを理解している	177
15	b	画像・動画処理	画像処理	画像データに対する代表的なクリーニング処理(リサイズ、パディング、標準化など)をタスクに応じて適切に実施できる	121

データエンジニアリング					
Q	解答	該当するスキルチェック項目			ページ
		スキルカテゴリ	サブカテゴリ	チェック項目	
16	d	データ構造	基礎知識	扱うデータが、構造化データ(顧客データ、商品データ、在庫データなど)か非構造化データ(雑多なテキスト、音声、画像、動画など)なのかを判断できる	135
17	a	データ構造	基礎知識	ER図を読んでテーブル間のリレーションシップを理解できる	136
18	c	データ構造	テーブル定義	正規化手法(第一正規化～第三正規化)を用いてテーブルを正規化できる	137
19	b	データ構造	分散技術	Hadoop・Sparkの分散技術の基本的な仕組みと構成を理解している	141
20	b	データ加工	フィルタリング処理	数十万レコードのデータに対して、条件を指定してフィルタリングできる(特定値に合致する・もしくは合致しないデータの抽出、特定範囲のデータの抽出、部分文字列の抽出など)	149
21	d	データ加工	変換・演算処理	数十万レコードのデータに対する四則演算ができ、数値データを日時データに変換するなど別のデータ型に変換できる	152
22	c	データ共有	データ連携	BIツールの自由検索機能を活用し、必要なデータを抽出して、グラフを作成できる	159
23	b	プログラミング	データインタフェース	JSON、XMLなど標準的なフォーマットのデータを受け渡すために、APIを使用したプログラムを設計・実装できる	161
24	a	プログラミング	SQL	SQLの構文を一通り知っていて、記述・実行できる(DML・DDLの理解、各種JOINの使い分け、集計関数とGROUP BY、CASE文を使用した縦横変換、副問合せやEXISTSの活用など)	163
25	c	プログラミング	SQL	SQLの構文を一通り知っていて、記述・実行できる(DML・DDLの理解、各種JOINの使い分け、集計関数とGROUP BY、CASE文を使用した縦横変換、副問合せやEXISTSの活用など)	163

ビジネス						
Q	解答	該当するスキルチェック項目			ページ
		スキルカテゴリ	サブカテゴリ	チェック項目	
26	a	行動規範	ビジネスマインド	「目的やゴールの設定がないままデータを分析しても、意味合いが出ない」ことを理解している	174
27	d	行動規範	ビジネスマインド	課題や仮説を言語化することの重要性を理解している	175
28	a	行動規範	データ倫理	データを取り扱う人間として相応しい倫理を身に着けている(データのねつ造、改ざん、盗用を行わないなど)	178
29	c	論理的思考	MECE	データや事象の重複に気づくことができる	181
30	d	論理的思考	説明能力	報告に対する論拠不足や論理破綻を指摘された際に、相手の主張をすみやかに理解できる	187
31	b	課題の定義	スコーピング	主に担当する事業領域であれば、取り扱う課題領域に対して基本的な課題の枠組みが理解できる(調達活動の5フォースでの整理、CRM課題のRFMでの整理など)	191
32	b	データ入手	データ入手	仮説や既知の問題が与えられた中で、必要なデータにあたりをつけ、アクセスを確保できる	193
33	a	ビジネス観点のデータ理解	データ理解	ビジネス観点で仮説を持ってデータをみることの重要性と、仮に仮説と異なる結果となった場合にも、それが重大な知見である可能性を理解している	195
34	a	ビジネス観点のデータ理解	意味合いの抽出、洞察	分析結果を元に、起きている事象の背景や意味合い(真実)を見ぬくことができる	196
35	d	事業への実装	評価・改善の仕組み	結果、改善の度合いをモニタリングする重要性を理解している	197

数理・データサイエンス・AI（リテラシーレベル）モデルカリキュラム					
Q	解答	該当するスキルチェック項目			ページ
		モデルカリキュラム章	学習内容	キーワード（知識・スキル）	
36	b	1-1. 社会で起きている変化	社会で起きている変化を知り、数理・データサイエンス・AIを学ぶことの意義を理解する AIを活用した新しいビジネス/サービスを知る	・ビッグデータ、AI（人工知能）、IoT、Society5.0	205
37	a	1-1. 社会で起きている変化	社会で起きている変化を知り、数理・データサイエンス・AIを学ぶことの意義を理解する AIを活用した新しいビジネス/サービスを知る	・ロボット	205
38	a	1-1. 社会で起きている変化	社会で起きている変化を知り、数理・データサイエンス・AIを学ぶことの意義を理解する AIを活用した新しいビジネス/サービスを知る	・データ駆動型社会	205
39	b	1-2. 社会で活用されているデータ	どんなデータが集められ、どう活用されているかを知る	・データのオープン化（オープンデータ）	205
40	b	2-1. データを読む	データを適切に読み解く力を養う	・データの分布（ヒストグラム）と代表値（平均値、中央値、最頻値）	210
41	a	2-1. データを読む	データを適切に読み解く力を養う	・相関と因果（相関係数、擬似相関、交絡）	210
42	c	2-1. データを読む	データを適切に読み解く力を養う	・母集団と標本抽出（国勢調査、アンケート調査、全数調査、単純無作為抽出、層別抽出、多段抽出）	210
43	c	2-2. データを説明する	データを適切に読み解く力を養う	・不適切なグラフ表現（チャートジャンク、不必要な視覚的要素） ・優れた可視化事例の紹介（可視化することによって新たな気づきがあった事例など）	210
44	c	3-1. データ・AIを扱う上での留意事項	データ・AIを利活用する上で知っておくべきこと	・個人情報保護、EU一般データ保護規則（GDPR）、忘れられる権利、オプトアウト	214
45	d	1-5. データ・AI利活用の現場	データ・AIを活用することによって、どのような価値が生まれているかを知る	・流通、製造、金融、サービス、インフラ、公共、ヘルスケア等におけるデータ ・AI利活用事例紹介	205

あとがき

データサイエンティストとは、イケてるビジネスパーソン、いや、人そのものであると私は思っています。ビジネスの目的のほとんどは課題解決で、ビジネスパーソンは日々、解決に向かうための意思決定を繰り返しており、ほぼすべての場合において、私達は「根拠(エビデンス)」の提示を求められます。

根拠には様々なものがあります。専門家の見解や推薦を以て質を高めたものや、知識・知見(ナレッジ)、第三者の評価、人やモノが動いた結果などが定量的に表されたものです。有象無象のフェイクが湧き出す現代において、真実を見抜き、研ぎ澄まされた情報を価値あるものとして活用し、意思決定していくことは、激動の時代を生き抜いていくために必須の力です。

加えて、世の中のあらゆる事柄がデータサイエンスの恩恵を受けて素敵な行進曲を奏でています。計測器はみるみる小さく正確になり、計算機は扱うデータがモリモリになろうとも、めきめきと発展し、数理モデルはますます研ぎ澄まされ、するすると解決に導いてくれます。

このような時代に、人が最も問われるのは「思いもよらないことが起こったときに決断できるか」ということに他ならないと感じています。思いもよらないことは(実は結構な頻度で／その程度はともかくとして)起こります。「思いもよらないことが起こった」そのときに意思決定できるか、決断できるか。そのような場面においてデータサイエンスのスキルは間違いなく役立つものと私は信じています。

"データから価値を創出し、ビジネス課題に答えを出すプロフェッショナル"であるデータサイエンティストの力量を測ることは、データサイエンティスト協会スキル定義委員として、とても勇気の要ることでした。"この領域の技術はすぐに陳腐化する"と実感をもっている実務家である私たちであるからこそ、そして、その本質を測ることの責任の重大さを分かっているからこそ、これまで「資格」を定めることに戸惑ってきたのです。

それでもなお "時代が変わろうとも本質的であること" は存在します。今回、資格化にあたってはデータサイエンティストとしての「リテラシー」「見習い」レベルが対象となっています。それらは、イケてるビジネスパーソンの入り口となるものですが、間違いなく"時代が変わろうとも本質的であること" です。

ビジネスパーソン＝社会に貢献するひとりの人間として、普遍的なものを是非身につけてください。そして「探究心」を忘れないで下さい。"すべての人間は、生まれつき、知ることを欲する" 存在です。

検定の合格を目指すのではなく、その先にあることを見据え、ときに書を捨て町へ出て、思いも寄らないものと遭遇することを楽しんでください。この検定が、そのときに少しでも道標となることを心から祈っています。

2021年6月吉日
一般社団法人データサイエンティスト協会
スキル定義委員　菅由紀子

このあとがきを読もうとしているあなた、ここを読んでも試験の役には立ちません！あしからず。おあいにくさま。ご愁傷さまです。そもそもこういう書籍にあとがきがあることがめずらしいですよね。折角ですし、これを読む人はほとんどいないという仮定のもと、想いのままに綴りますね。

私はデータサイエンティスト協会が2013年に公式発足した当時のメンバーです。草野さんが呼びかけた協会の立ち上げに賛同し、会社(の上司)を説得し、理事に立候補し、まだ10人に満たない理事のみの協会で、データサイエンティストのスキルを定義すべきである、ということを決め、安宅さんが委員長、私が副委員長で委員会を組成し、有志を集めて議論を始めました。そこからはよなよな、ボランティアの連続です。データサイエンティストをつかさどるあの3つの円は、その頃みなさんと話し合って生まれました。

あれから8年経ち、スキルチェックリストやタスクリストを発表し、イベントやWebでの絶えない活動を通し、楔を打ち続けてきました。2021年の今、まだまだ道半ばです。ですが、少なくとも、日本のAI教育やデータ人材育成はこれから年間に数十万人単位で加速するという確証を得るまで、事は進みました。ですので、これから生まれるたくさんのデータサイエンティスト達がより良い社会を創っていく姿をありありと想像できます。そのための基軸として、データサイエンティスト検定を始めることにしました。このことを決めてからは、同志たちはあたりまえのように、検定をどう作ろうかとか、問題をどう設定しようかとか、この書籍をどうまとめようかとか、何時間も議論し、迷い、成し遂げた結果、このような形になりました。

世の中の試験や検定って、表面的にはとても無機質で、事務的なものですよね。でもその裏方では、すごく真面目に、自分の時間を使い、地道なことに向き合い、ちょっとずつでも物事を進めている人たちがいるんだなあ。みなさまに感謝です。

伸びしろしかない日本がもっとよくなりますように。ね、試験の役に立たなかったでしょう。

2021年6月吉日
一般社団法人データサイエンティスト協会
スキル定義委員会　副委員長　佐伯諭

索引

U ～ Y

あ行

か行

索引

さ行

た行

索引

な行

は行

ま行

や行

ら行

わ行

執筆者紹介

監修

株式会社ディジタルグロースアカデミア

一般社団法人データサイエンティスト協会　賛助会員

「デジタルを武器に、人と企業が成長し、日本に変革をもたらす」をビジョンに掲げるデジタル人材育成企業。株式会社チェンジとKDDI株式会社の合弁会社として2021年4月に営業を開始。前身の株式会社チェンジでは、2013年より製造業や官公庁・自治体などを中心にデータサイエンス案件の受託や人材育成を運営。
ホームページ　https://www.dga.co.jp

株式会社日立アカデミー

一般社団法人データサイエンティスト協会　賛助会員

日立グループのコーポレートユニバーシティとして1961年に設立。グローバルで活躍するリーダーや、IT 、OT（制御技術）分野の人材育成を推進。さらに、事業戦略に応じた人材育成の戦略企画から研修実施、運営において、さまざまな企業や団体を支援している。近年はデータサイエンティストやDX事業を推進する人材育成にも取り組んでいる。
ホームページ　https://www.hitachi-ac.co.jp/

株式会社Rejoui（リジョウイ）

一般社団法人データサイエンティスト協会　賛助会員

データでビジネスに柔軟性と革新性をもたらすデータ分析企業。データ利活用やデータサイエンス教育を通して、企業や自治体、教育機関などあらゆる組織のDX推進を支援。データサイエンティスト育成事業として、教育教材/カリキュラム開発、セミナー運営と幅広く展開している。
ホームページ　https://rejoui.co.jp/

著者

菅　由紀子（かん　ゆきこ）

株式会社Rejoui（リジョウイ）　代表取締役
一般社団法人データサイエンティスト協会　スキル定義委員
関西学院大学大学院　非常勤講師

2004年に株式会社サイバーエージェントに入社し、ネットリサーチ事業の立ち上げに携わる。2006年より株式会社ALBERTに転じ、データサイエンティストとして多数のプロジェクトに従事。2016年9月に株式会社Rejouiを創立し、企業や自治体におけるデータ利活用、データサイエンティスト育成事業を展開しているほか、ジェンダーを問わずデータサイエンティストの活躍支援を行う世界的活動WiDS(Women in Data Science)アンバサダーとして日本における中心的役割を果たしている。

佐伯　諭（さえき　さとし）

ニューホライズンコレクティブ合同会社　プロフェッショナル・パートナー
一般社団法人データサイエンティスト協会　スキル定義委員会副委員長

Slerでのエンジニア、外資系金融でモデリング業務などの経験を経て、2005年に電通入社。デジタルマーケティングの黎明期からデータ・テクノロジー領域をリード。電通デジタル創業期には執行役員CDOとして組織開発やデータ人材の採用、育成などを担務。データサイエンティスト協会創立メンバーとして理事を7年間務めた後、現在は独立し、DXコンサルタントや協会事務局メンバーとして活動中。

高橋　範光（たかはし　のりみつ）

株式会社ディジタルグロースアカデミア　代表取締役社長
株式会社チェンジ　執行役員
一般社団法人データサイエンティスト協会　スキル定義委員

アクセンチュアのマネージャーを経て、2005年に株式会社チェンジに入社。2013年、データサイエンティスト育成事業を開始するとともに、自身も製造業、社会インフラ、公共、保険、販売会社などのデータサイエンス案件を担当。現在は、ディジタルグロースアカデミアの代表取締役社長として、デジタル人財育成事業のさらなる拡大を目指す。著書に『道具としてのビッグデータ』（日本実業出版社）がある。

田中　貴博（たなか　たかひろ）

株式会社日立アカデミー　研修開発本部L＆D第一部　部長
一般社団法人データサイエンティスト協会　スキル定義委員

独立系Slerでのシステムエンジニア、教育ベンチャーでのコンサルタントなどを経て、2010年、株式会社日立アカデミー入社。日立グループの社内認定制度に連動したデータサイエンティスト認定講座、デジタル事業・サービスの事業化検討ワークショップの企画・運営などを担当。現在は、DX関連の研修・サービス事業の統括責任者として、DX事業へのコーポレート・トランスフォーメーションをめざし、本社施策と連動した人財育成に取り組んでいる。

大川　遥平（おおかわ　ようへい）

株式会社AVILEN　取締役
一般社団法人データサイエンティスト協会　スキル定義委員

大学時代にAI/統計学のメディア「全人類がわかる統計学（現 AVILEN AI Trend）」を開設したのち、大学院在学中に株式会社AVILENを創業。AI人材育成事業とAI開発事業の立ち上げを行い、現在も取締役としてAVILENのプロダクトの質の向上に尽力している。

大黒　健一（だいこく　けんいち）

株式会社日立アカデミー　事業戦略本部戦略企画部　GL主任技師
一般社団法人データサイエンティスト協会　学生部会副部会長
博士（農学）

日立グループのデジタルトランスフォーメーション推進のための人財育成の推進を担当。総務省統計局「社会人のためのデータサイエンス演習」Day3講師。著書に『ビジネス現場の担当者が読むべき、IoTプロジェクトを成功に導くための本』（秀和システム）がある。

參木　裕之（みつぎ　ひろゆき）

株式会社大和総研　フロンティア研究開発センター　データドリブンサイエンス部
上席課長代理／主任データサイエンティスト
一般社団法人データサイエンティスト協会　スキル定義委員

大和総研に2013年に入社。システム開発部門にて、データモデリングやアプリケーション開発などの業務に従事した後、2017年より現職。主に、証券会社、官公庁向けの機械学習や自然言語処理を用いたデータサイエンス案件、分析コンサルティングを担当。2020年より東京工業大学大学院非常勤講師を兼務。

北川　淳一郎（きたがわ　じゅんいちろう）

ヤフー株式会社
一般社団法人データサイエンティスト協会　スキル定義委員

株式会社ミクロスソフトウェアでエンジニア経験を積んだ後に、2011年にヤフー株式会社に入社。インターネット広告システムのエンジニアをしつつ、データサイエンスという分野に出会う。その後、ヤフオク！の検索精度向上、ディスプレイ広告の配信精度向上案件を担当。現在は、ヤフーのローカル検索の精度向上案件を担当している。

守谷　昌久（もりや　まさひさ）

日本アイ・ビー・エム株式会社　シニアアーキテクト
一般社団法人データサイエンティスト協会　スキル定義委員

ソフトウェア開発会社でデータ解析ソフトウェア開発に従事後、2008年に日本アイ・ビー・エム株式会社に入社。大学生時代よりIBM製品の統計解析ソフトウェアSPSSによるデータ分析（主に多変量量解析）に携わりSPSS使用歴は20年以上。実業務では製造業を中心としたお客様にビッグデータやIoTを活用したITシステムの構築やWatson、SPSS、CognosなどのIBMのData and AI製品の導入コンサルティングを行う。

山之下　拓仁（やまのした　たくひと）

一般社団法人データサイエンティスト協会　スキル定義委員

教育業界での、生徒一人一人に合わせた教育指導をサポートするAIエンジンの研究開発、金融業界の金融データ分析や金融工学に基づく数理モデル構築業務、ソーシャルゲーム業界のビックデータを解析する為の組織作り、人材業界のマッチングにおけるデータ解析、分析基盤構築、機械学習手法の大学との研究開発など、様々な業界におけるデータ活用やAI開発などに従事。

苅部　直知（かりべ　なおと）

一般社団法人データサイエンティスト協会　スキル定義委員
ヤフー株式会社

リクルートテクノロジーズなどIT系企業を中心に勤務し、Webアクセス解析・BIツール(Tableau、Adobe Analytics、Google Analytics)などの導入・ツールを利用した分析業務に携わる。その経験を元にデータ分析基盤支援エンジニアとして2017年にヤフー株式会社に入社。2020年にデータサイエンティスト協会スキル定義委員に志願し参画。

原野　朱加（はらの　あやか）

株式会社野村総合研究所　コンサルティング事業本部マーケティングサイエンスコンサルティング部
主任コンサルタント／NRI認定データサイエンティスト
一般社団法人データサイエンティスト協会　スキル定義委員

2014年インターネット・リサーチ会社入社。消費者行動パネルデータの調査・分析、及び、新規事業立ち上げに従事。野村総合研究所へ転じてからは、マーケティングコンサルタントとして、ブランド戦略立案や広告効果測定、市場調査、事業予測など、一貫してデータを活用したマーケティング活動支援を行う。

孝忠　大輔（こうちゅう　だいすけ）

日本電気株式会社　AI・アナリティクス事業部　事業部長代理
数理・データサイエンス教育強化拠点コンソーシアムモデルカリキュラムの全国展開に関する特別委員会　委員
数理・データサイエンス・AI教育プログラム認定制度検討会議　構成員

流通・サービス業を中心に分析コンサルティングを提供し、2016年、NECプロフェッショナル認定制度「シニアデータアナリスト」の初代認定者となる。2018年、NECグループのAI人材育成を統括するAI人材育成センターのセンター長に就任し、AI人材の育成に取り組む。著書に『AI人材の育て方』（翔泳社）、『教養としてのデータサイエンス』（講談社・共著）がある。

執筆協力

森谷　和弘（もりや　かずひろ）

データ解析設計事務所　代表
データアナリティクスラボ株式会社　取締役CTO
一般社団法人データサイエンティスト協会　スキル定義委員

富士通グループにてデータベースエンジニアとしてのキャリアを積み、その後データ・フォアビジョン㈱でデータベースソリューションとデータサイエンス、人事等の役員を担当。2018年よりフリーランスとして独立し、AIコンサルタントや機械学習エンジニア、データサイエンティスト、データアーキテクトとして活動。2019年、データアナリティクスラボ㈱を共同経営者として起業。現在はフリーランスと会社経営の二足の草鞋で活動中。

杉山　聡（すぎやま　さとし）

株式会社アトラエ　Data Scientist
慶應義塾大学　SFC研究所　上席研究員
AIcia Solid Project 運営
一般社団法人データサイエンティスト協会　スキル定義委員

東京大学大学院で博士（数理科学）を取得ののち株式会社アトラエに新卒入社。3年目に社内初のData Scientistに転向し、Data Science Teamを立ち上げ。現在はエンゲージメント解析ツール「Wevox（ウィボックス）」にてデータ分析機能の開発に従事。業務のかたわら、データサイエンスVTuberのAIcia Solid Projectを運営し、統計や機械学習など幅広いトピックの動画を投稿。20,000人のチャンネル登録者を数える。

夏目　泰秀（なつめ　やすひで）

株式会社ディジタルグロースアカデミア　マネージャー

株式会社日立コンサルティングにてマネージャーとして小売業、製造業のデータを用いた業務改革・システム改革を推進。その後、公益財団法人日本英語検定協会にてデータ分析責任者として受験者数予測、マーケティング活動、自治体報告業務を担当。2021年株式会社チェンジに入社。ディジタルグロースアカデミアにてデジタル人材育成事業に参画。

豊川　陽（とよかわ　あきら）

株式会社ディジタルグロースアカデミア　マネージャー

アビームコンサルティング株式会社にて、コンサルタントとしてシステム開発や業務改革の経験を経て、2017年に株式会社チェンジに入社。2021年より株式会社ディジタルグロースアカデミアへ出向。デジタル人材育成事業のメンバーとして、企業のデジタル人財育成の制度設計や研修設計、研修講師を行う。

宮崎　晃治（みやざき　こうじ）

株式会社ディジタルグロースアカデミア　コンサルタント

某機械メーカーにて航空機部品製造・検査業務へのRPA導入業務に従事後、2019年に株式会社チェンジに参画。製造業などのAI開発案件やデータ分析に関する研修を担当。現在は、ディジタルグロースアカデミアにて、AI開発業務やデジタルトランスフォーメーション推進に向けた人材教育のコンサルティング業務に従事。

参考文献

書籍

東京大学教養学部統計学教室編、『統計学入門(基礎統計学Ⅰ)』、東京大学出版会、1991年

竹村彰通、『新装改訂版 現代数理統計学』、学術図書出版社、2020年

藤俊久仁・渡部良一、『データビジュアライゼーションの教科書』、秀和システム、2019年

高橋範光、『道具としてのビッグデータ』、日本実業出版社、2015年

平鍋健児・野中郁次郎、『アジャイル開発とスクラム』、翔泳社、2013年

照屋華子・岡田恵子、『ロジカル・シンキング 論理的な思考と構成のスキル』、東洋経済新報社、2001年

細谷功、『具体と抽象—世界が変わって見える知性のしくみ』、dZERO、2014年

ティム・ブラウン、『デザイン思考が世界を変える〔アップデート版〕イノベーションを導く新しい考え方』、千葉敏生訳、早川書房、2019年

佐宗邦威、『21世紀のビジネスにデザイン思考が必要な理由』、インプレス、2015年

バーバラ・ミント、『考える技術・書く技術—問題解決力を伸ばすピラミッド原則」、ダイヤモンド社、1993年

妹尾堅一郎、『研究計画書の考え方—大学院を目指す人のために』、ダイヤモンド社、1993年

安宅和人、『イシューからはじめよ—知的生産の「シンプルな本質」』、英治出版、2010年

M・E・ポーター、『競争の戦略』、土岐坤・中辻萬治・服部照夫訳、ダイヤモンド社、1995年

北川源四郎・竹村彰通編、『教養としてのデータサイエンス』、講談社、2021年

Web

大阪大学社会技術共創研究センター、「ELSIとは」(https://elsi.osaka-u.ac.jp/what_elsi)

社会技術研究開発センター、「データ倫理を知る」(http://dataethics.jp/discover/)

個人情報保護委員会、「個人情報保護委員会 PPC」(https://www.ppc.go.jp/index.html)

株式会社アウトソーシングテクノロジー、「生産管理の「QCD」とは？プロセス改善で向上する企業の提供価値」(https://www.robot-befriend.com/blog/qcd/)

株式会社ALBERT、「データ分析基礎知識」(https://www.albert2005.co.jp/knowledge/)

独立行政法人情報処理技術者機構(IPA)、「ITSS+(プラス)・ITスキル標準(ITSS)・情報システムユーザースキル標準(UISS)関連情報」(https://www.ipa.go.jp/jinzai/itss/itssplus.html#section1-4)

総務省、「令和2年版 情報通信白書」(https://www.soumu.go.jp/johotsusintokei/whitepaper/ja/r02/html/nd141100.html)

内閣府 統合イノベーション戦略推進会議、「人間中心のAI社会原則」(https://www8.cao.go.jp/cstp/aigensoku.pdf)

補足情報・正誤表について

補足情報や正誤表については、本書のサポートページに掲載いたします。以下のURLからご覧ください。

●サポートページのURL

https://gihyo.jp/book/2021/978-4-297-12261-4/support

お問い合わせについて

本書に関するご質問については、本書に記載されている内容に関するもののみとさせていただきます。本書の内容を超えるものや、本書の内容と関係のないご質問につきましては、一切お答えできませんので、あらかじめご了承ください。
電話でのご質問は受け付けておりませんので、ウェブの質問フォームにてお送りください。FAXまたは書面でも受け付けております。
お送り頂いたご質問には、できる限り迅速にお答えできるよう努力しておりますが、お答えするまでにお時間がかかる場合がございます。また、回答の期日をご指定いただいた場合でも、ご希望にお応えできるとは限りませんので、あらかじめご了承ください。
ご質問の際に記載いただいた個人情報は、質問の返答以外の目的には使用いたしません。また、質問の返答後は速やかに削除させていただきます。

●質問フォームのURL

https://gihyo.jp/book/2021/978-4-297-12261-4

●FAXまたは書面の宛先

〒162-0846　東京都新宿区市谷左内町21-13
株式会社技術評論社　書籍編集部
「最短突破　データサイエンティスト検定(リテラシーレベル)公式リファレンスブック」係
FAX：03-3513-6183

最短突破(さいたんとっぱ)　データサイエンティスト検定(けんてい)(リテラシーレベル)公式(こうしき)リファレンスブック

2021年9月17日　初版　第1刷発行
2021年9月30日　初版　第3刷発行

著　者　菅由紀子、佐伯諭、高橋範光、田中貴博、大川遥平、大黒健一、参木裕之、北川淳一郎、守谷昌久、山之下拓仁、苅部直知、原野朱加、孝忠大輔
発行者　片岡　巌
発行所　株式会社技術評論社
東京都新宿区市谷左内町21-13
電話　03-3513-6150　販売促進部
03-3513-6166　書籍編集部
印刷／製本　日経印刷株式会社

装丁　菊池祐(株式会社ライラック)
本文デザイン・DTP　松崎徹郎(有限会社エレメネッツ)

ISBN978-4-297-12261-4 C3055
Printed in Japan